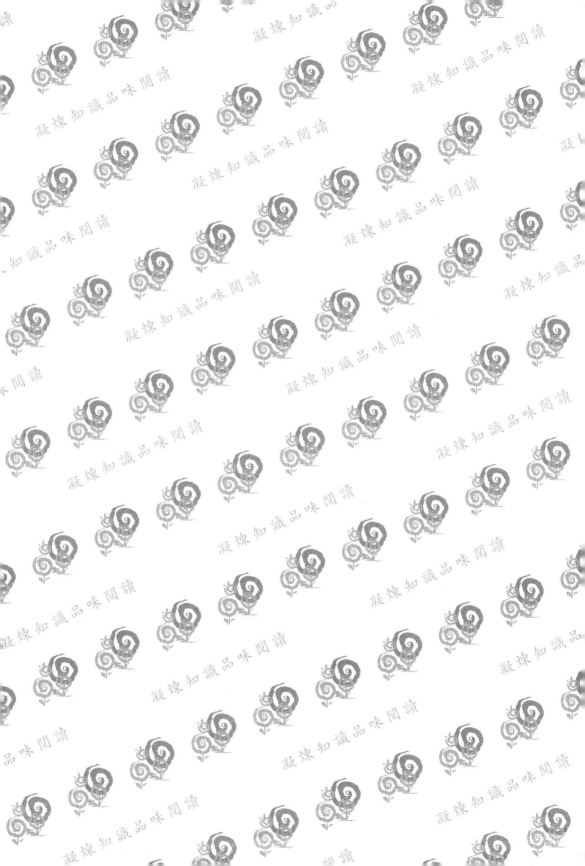

圖解系列

圖解

三大特色

● 一單元一概念，迅速理解氣候議題與環境衝擊相關理論
● 內容完整，架構清晰，為了解氣候與環境變遷的全方位工具書
● 圖文並茂‧容易理解‧快速吸收

氣候與環境變遷

丁仁東／著

閱讀文字

理解內容

觀看圖表

圖解讓
認識氣候
與環境變遷
更簡單

五南圖書出版公司印行

自　序

近幾年來，每到春夏之交，天氣都非常炎熱，常見新聞報導標題出現「又破百年來氣溫紀錄」。此外自然災害發生的頻率逐年增加，威力也十分驚人，極端氣候似乎已漸漸成了正常氣候。雖然全球都知道節能減碳的重要性，紛紛加入制約排碳的行列，但氣候變遷的趨勢仍毫無減緩跡象，我們對於自然環境的轉變也幾乎束手無策。

到底我們所倚賴生存的自然環境發生了什麼變化？氣候與環境變遷的的原因和機制為何？它們造成什麼衝擊？未來氣候變遷發展的趨勢如何？我們如何面對氣候與環境變遷這個難題？這些都是我們深切關心的課題。為了解答這些疑難，本書蒐集許多的資料和文獻逐次探討，希望能提供讀者一個氣候與環境變遷議題的完整面貌。

本書共編有十四章，第一章是導言，簡介二十一世紀天災的特性與全球氣候變遷趨勢。第二、三章主題是認識大氣，以添補部分讀者對氣象學認知之不足，有氣象學根基的讀者可直接跳過。第四章至第七章為氣候與環境變遷的基本知識，主題包括氣候變遷議題的論證、氣候變遷的測量、氣候變遷的機制、氣候變遷的歷史等。第八章至第十二章為探討氣候與環境變遷造成的衝擊，包括對冰川、海冰及凍土的影響，對海洋的影響，對極端氣候增多影響，生態系統改變，以及對人類身體健康、水資源、糧食生產等之影響。這些都是我們急切盼望想知道的，在各章中都有詳盡的說明。第十三章為探討未來氣候型態，第十四章為氣候變遷的調適與減緩。盼望藉著這本書所提供的資料，能增進讀者深入了解氣候與環境變遷這個議題。

同時為了幫助讀者理解許多複雜的現象，迅速掌握重要資訊，本書採用圖文並茂的方式，希望能在圖表及文字的解說之下，達到最佳的學習效果。

崑山科技大學　丁仁東
2017年5月11日

本書目錄

第 **1** 章

導言

Unit **1-1**
前言

　　進入二十一世紀，天然災害發生的頻率突然增加，威力也增強，災害報導的標題常是近數十年或近百年來僅見，因為極端氣候頻繁發生，似乎漸漸成了正常氣候。我們是否正面臨一個氣候與環境變遷的事實？造成氣候與環境變遷的原因為何？氣候與環境的變遷有哪些徵兆？我們如何面對氣候與環境變遷難題？這些都是需要深入探討的問題。本章中我們試圖簡單回答上述問題，並在以下各章中從學理上更詳盡地加以分析，以尋求氣候與環境變遷的解決方案。

　　全球各地頻頻出現極端氣候，近年來各地災害的規模，動輒都是百年僅見或五十年僅見，以下列舉近年來發生的幾個實例說明。

實例一

近年來天災增多，每次發生常成破紀錄氣候，圖 1.1 顯示 2011 年 1 月美國愛達荷州大雨導致淹水災情，圖中一名男子連人帶車陷入大水，動彈不得、表情無奈，新聞報導標題為「百年極端天氣將變二十年一遇」。

實例二

圖 1.2 顯示 2013 年 9 月美國中西部的科羅拉多州因為豪雨引發洪災，造成至少 4 人死亡，近 180 人失蹤，橋斷路淹，新聞指出本次創下四十年來最慘重災情。

實例三

2013 年 11 月 8 日超強颱風海燕（Haiyan）掃過菲律賓中部地區，帶來強勁降雨和 15 米高巨浪，摧毀大量建築，死亡人數超過 5,000 人，是菲國百年來遭遇最強勁颱風（圖 1.3）。

實例四

2014 年 2 月 16 日日本大雪，山梨縣甲府市災情最為慘重，積雪超過 114 公分，創下一百二十年來的紀錄。這波暴雪使日本陸空交通癱瘓，高速公路回堵 50 公里，國內線班機停擺，並造成 8 人死亡及 1,000 多人受傷。

二十一世紀天災特色

二十一世紀天災特色

- 數十年或近百年僅見
- 威力變強
- 頻率增加

極端氣候特性的實例說明

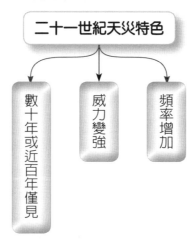

圖 1.2 實例二

百年極端天氣 將變「20年一遇」

圖 1.1 實例一

圖 1.3 實例三

圖 1.4 實例四

Unit 1-2
二十一世紀天災

　　二十一世紀天災發生頻率及威力增加，每次常會打破紀錄，造成的災害更是駭人聽聞，因此有人特別歸納本世紀天災特有的這種類型，稱之為「二十一世紀天災」（21st Century Disaster），以標明其災害之獨特性。這些天災不勝枚舉，其中受損程度較嚴重者可見以下所列，每次災害發生都突顯了「二十一世紀天災」的特性：

(1) 2001 年印度地震，30,000 人死亡。

(2) 2003 年法國熱浪，14,802 人死亡。

(3) 2003 年伊朗地震，28,000 人死亡。

(4) 2004 年南亞地震及海嘯，212,000 人死亡（圖 1.5）。

(5) 2005 年 8 月卡崔娜颶風襲擊美國紐奧良市，1,836 人死亡（圖 1.6）。

(6) 2005 年 10 月克什米爾地震，87,350 人死亡。

(7) 2006 年印尼爪哇地震，6,200 人死亡。

(8) 2008 年 1 月中國大陸華中、華南暴風雪，有 1 億多人受害。

(9) 2008 年 5 月熱帶氣旋襲擊緬甸，超過 10 萬人死亡。

(10) 2008 年 5 月，四川汶川地震，約 7 萬人死亡。

(11) 2009 年 8 月莫拉克颱風襲擊台灣，甲仙鄉小林村被土石流掩埋。

(12) 2010 年 1 月海地地震，超過 20 萬人死亡。

(13) 2010 年 8 月巴基斯坦洪水，造成 1,300 多萬個難民。

(14) 2011 年 1 月澳洲昆士蘭水災，約 20 萬人受災。

(15) 2011 年 3 月日本東北海域地震及海嘯，約 19,000 人死亡（圖 1.7）。

(16) 2011 年 8 月東非嚴重飢荒，包括索馬里、衣索比亞、吉布地、厄立垂亞四國，受害人口近 1,200 萬。

(17) 2012 年 10 月桑迪颶風襲擊美國東岸和內陸十七州，造成 108 人死亡，財產損失 630 億美元（圖 1.8）。

(18) 2013 年 11 月超強颱風海燕橫掃菲律賓中部地區，帶來強勁降雨和巨浪，摧毀大量建築，死亡人數超過 5,000 人。

(19) 2015 年 4 月尼泊爾發生 7.9 級地震，7,600 人喪生。

　　在天災肆虐中，以 2011 年最為劇烈，災害損失為歷年之冠，下面將列舉 2011 年財產損失數據，說明日益嚴峻的自然災害。

圖 1.5　南亞地震及海嘯

圖 1.6　卡崔娜颶風襲擊美國

圖 1.8　桑迪颶風襲擊美國

圖 1.7　日本東北海域地震及海嘯

　　2011 年天災以 3 月 11 日日本東北海域地震及海嘯最為嚴重（圖 1.9）；此外 7 至 11 月，泰國洪災，損失數百億美元；5 月，美國中西部地區龍捲風死亡 570 人，超過美國前十年總和；8 月，東非嚴重飢荒，受害人口近 1,200 萬，這些重大災害皆為全球所矚目。

　　根據瑞士再保公司（Swiss Re-insurance Company）於 2011 年底所公布的統計資料顯示，2011 年全球的天災經濟損失總額高達 3,500 億美元，創史上最高，保險業理賠約 1,080 億美元，僅次於 2005 年的 1,230 億美元（圖 1.6 和 1.9，卡崔娜颶風襲擊美國的那一年）。瑞士再保公司表示，2012 年全球天災經濟損失 1,960 億美元，2013 年全球天災經濟損失 1,300 億美元，以上經濟損失數字說明了近年來各種天災造成的損害都非常慘重。

　　除了以上所列二十一世紀天災受損程度較嚴重者之外，近年來各地雷雨、暴風雪、龍捲風、洪水、土石流、乾旱、野火、海嘯、地震及沙塵暴等災害，更是頻頻發生。因災傷亡人數動輒數十萬人或百萬人，財產損失也不計其數，危害的程度常是數十年或數百年來僅見。因為天然災害的加劇，許多人與親人生離死別，身心嚴重受創；不少人因居住環境不安全，或建築物結構脆弱被迫遷移家園，流離失所，成為氣候變遷難民，造成社會負擔。

圖解氣候與環境變遷

小博士解說

在天災加劇趨勢中，各行業受衝擊最深者應屬保險業，近年來因為天災頻頻，導致保險業者利潤大幅降低甚至虧損，更有些保險公司承受不了巨額賠償而倒閉，因此保險業者紛紛開始作出避險措施。大多數保險公司會按照保單比例，向再保公司購買再保險，使公司承擔之責任控制在一定限度內，以轉移自己所承擔的風險，但這種作法的結果卻使再保公司承受更大風險。瑞士再保公司便是一家領先全球，具有雄厚財務實力和償付能力的再保險企業，為了承擔全球巨額的天災賠償，該公司需要每年對天災作出正確的風險評估，圖 1.9 即為 2011 年的風險評估實例。

2011 年全球的災損總額雖創新高，但保險業理賠金額卻未創新紀錄，究其原因，主要是這些受災戶沒有投保，一方面是他們認為保險費用太昂貴，所以多半沒有投保地震險和海嘯險，如日本的 311 大地震及海嘯和福島核電廠的複合型災變。另一方面，許多災區的民眾根本沒想到會因為天災而遭受到如此慘重的損失。

由瑞士再保公司評估的保險損失狀況，可看出近年來天災經濟損失的居高不下，說明全球氣候變遷已是一個不爭的事實，我們正面臨一個因氣候變遷帶來的嚴肅考驗。

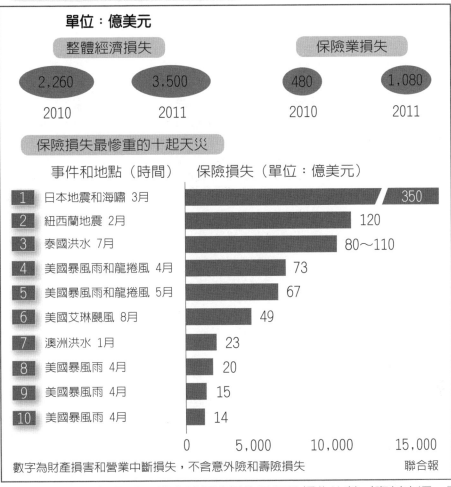

圖 1.9　2011 年各種天災全球經濟損失及保險損失比較（資料來源：瑞士再保及路透社；取自：聯合報）

知識補充站

在 2011 年天災經濟損失中，最為嚴重的莫過於 3 月 11 日日本東北海域發生的地震及海嘯災害。日本東北海岸地區因瀕臨太平洋，常受海嘯威脅，因此多處海岸建有 10 公尺高的防波堤，其高度設計是根據歷史上的海嘯紀錄；然而 311 海嘯浪高在許多地區都超過 10 公尺，某些地區甚至超過 15 公尺以上，故防波堤並未發揮預期功能，以致該地區嚴重受創。這代表未來天災的特性，其規模及破壞程度可能都會超過我們所預期。此外，在獲救族群中，最高比例為中小學生，其中岩手縣釜石市的中小學生幾乎全數生還，這說明了防災教育的重要性。在天災發生區域，須常作防災演習，使民眾熟悉如何應對災害，減少天災發生時的傷亡損失。

Unit 1-3
近年來天災加劇趨勢

　　到底近年來天災趨勢如何？這些大型災害的發生是否是一個普遍的現象？是否牽涉人爲的過失？以下我們根據天災數據的資料庫，並參考一些有關天災文獻，以驗證近年來全球各地天災的加劇趨勢其實是全球普遍現象，而非偶發特殊事件。

　　比利時魯汶大學（University of Louvain）的「天災研究中心」（Centre for Research on the Epidemiology of Disasters, CRED）資料庫提供了這個趨勢。圖1.10 是該資料庫所提供全球 1900～2010 年天災趨勢，其中天災範圍包括乾旱、瘟疫、地震、火山、極端溫度、洪水、塊體運動、風暴及野火等，並且發生的事件均造成相當傷亡及財物損失，對於每個天災都詳細地記載了發生的時間、地點、規模、受創情形、財產人員損失，資料非常詳盡。從圖中我們可見全球自然災害呈現逐年增加趨勢，從 1960 年起更爲顯著，1960 年起每年以約 5.5% 趨勢增加，也就是大約每13 年天然災害次數加倍。

　　表 1.1 是從上述資料庫列舉東亞地區，包括中國大陸、日本、南北韓、台灣、港澳、蒙古等國家，在 1960～2009 年間每十年的重大天然災害件數，它們也明顯呈現增多趨勢，在 2000 年代天災的發生次數幾乎有 1960 年代次數的 6 倍之多，可見東亞地區也處在全球天災加劇趨勢的影響下，受害情形不亞於其他地區。

表 1.1　1960 至 2009 年間東亞地區的重大天然災害件數

發生期間	重大天然災害件數	
1960 ～ 1969	79	增
1970 ～ 1979	101	加
1980 ～ 1989	214	6
1990 ～ 1999	305	倍
2000 ～ 2009	453	

（資料來源：魯汶大學天災研究中心）

小博士解說

比利時魯汶大學「天災研究中心」（CRED）對於天災逐年加劇趨勢，提供了非常完整的資料庫，其中包括各處災情資料與天災趨勢的各種統計分析，如表1.1 與圖 1.10 所列，圖表道出全球氣候變遷的真實性與嚴肅性。讀者可至該網址（http://www.cred.be/）按天災類型、地區、發生時間擷取所需資料，必然會對各地天災加劇趨勢有驚人的發現。

圖解氣候與環境變遷

1900～2010 年全球重大天然災害件數

文獻與資料庫均顯示：天災加劇趨勢——
每年增加 5.5%，每世紀增加近百倍

次數

移動平均
數據

年

圖 1.10　魯汶大學「天災研究中心」資料庫提供的 1900～2010 年全球各地天然災害趨勢圖，圖中顯示從 1960 年起，天災災情嚴重性加劇

從圖中我們可見全球自然災害逐年增加：
● 特別從 1960 年起更為顯著
● 1960 年起每年以約 5.5％ 趨勢增加
● 也就是大約每 13 年天然災害次數加倍

　　從上述資料庫摘錄數據，我們將二十一世紀初全球重大天災發生次數與二十世紀初進行比較（表 1.2），可以察知一個現象，即二十一世紀初全球每年重大天災次數，比一個世紀前增加約有百倍之多，增加趨勢實在非常驚人。雖然在二十世紀初，資訊傳達系統尚未完全建立，彙報資料不夠完整，不像今天有衛星與網路系統的便利，資料可以隨時彙報，被遺漏情形很少。但即便如此，數據疏漏情形仍然有限，因此表 1.2 的數據大體是可信的，這一個世紀以來，天災加劇趨勢也從圖 1.10 中可見。比照此一世紀增加百倍的加劇趨勢，我們預期本世紀末，天災災情的規模與損害情形，可能遠比今日嚴重。

　　許多學者也指出天然災害增多趨勢，例如：Stromberg（2007）、Rasmussen（2004）、Myers（1997）等人的文中均指出此現象。

　　Oliver-Smith（2006）指出全球天災尤以 1960 年起特別顯著，Stromberg（2007）指出從 1960 年起天災以每年約 5.5% 趨勢增加。Stromberg（2007）認為天災的增多可歸納為下列幾個原因：

　　(1)**極端氣候增加**：如聯合國「政府間氣候變遷委員會」（IPCC, Intergorernmental Panel on Climate Change，專責評估氣候變遷的主要機構，2007 & 2014）的評估報告中所指出。

　　(2)**人口的增加**：使更密集的人口暴露於高風險區。

　　(3)**彙報系統更完整**：有更多的天災數據被蒐集。

　　Rasmussen（2004）認為上述 (1) 與 (2) 兩項是近年來天然災害增多的根本原因。

　　Mileti（1999）與 Oliver-Smith（2006）則提出另一個更重要的因素，他們認為天然災害增多，是因為許多建築的結構脆弱，加上本身地區環境不安全，使它們禁不起更嚴峻天災的考驗。

小博士解說

因為極端氣候增加，許多地區環境將無法通過這些嚴峻天災的考驗，例如海岸地區、河堤兩岸、陡峭山坡地、地勢低窪區及老舊脆弱建築等，都可能是氣候變遷下的受害者。廬山溫泉便是氣候變遷受害一例，該地曾是有名的觀光景點。2008 年 9 月，辛樂克颱風重襲南投，豪雨使塔羅灣溪暴漲，廬山溫泉四十餘家旅館多建築於河道兩側，占用了河床用地，但洪水的肆虐，使近半數旅館地基被掏空，不再適合居住，現政府已強制該地遷村。

圖解氣候與環境變遷

表 1.2　二十世紀初與二十一世紀初全球重大天災發生次數的比較，
　　　　約增加百倍之多

年	次數	年	次數	年	次數	年	次數
1901	3	1906	17	2001	470	2006	473
1902	9	1907	7	2002	518	2007	451
1903	8	1908	4	2003	429	2008	397
1904	2	1909	13	2004	410	2009	400
1905	4	1910	16	2005	492	2010	439

增加百倍

（資料來源：魯汶大學「天災研究中心」）

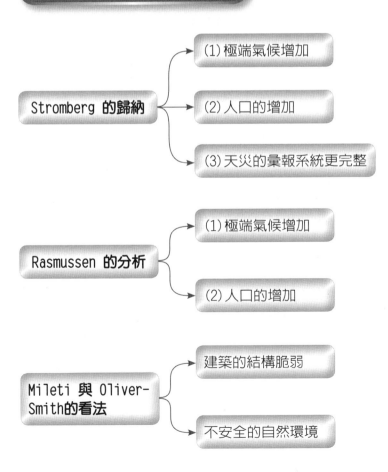

天然災害增多的原因

Stromberg 的歸納
- (1) 極端氣候增加
- (2) 人口的增加
- (3) 天災的彙報系統更完整

Rasmussen 的分析
- (1) 極端氣候增加
- (2) 人口的增加

Mileti 與 Oliver-Smith的看法
- 建築的結構脆弱
- 不安全的自然環境

Unit 1-4
近年來天災加劇分析

以上我們敘述了近年來天災加劇的趨勢，但天災加劇的原因爲何？到底一個世紀以來是什麼原因促成氣候與環境的改變？以下爲近年來天災加劇的分析。

一、科技文明興起

分析近年來天災加劇原因，應該歸咎於近幾個世紀科技文明的興起。今天人類正面臨一個由科技文明帶來的可怕災難，就是生態環境的改變。

十八世紀初，英國紐考門發明了第一部蒸汽機，發現使用能源可以增進生產，產生了工業革命。使用能源，是人類歷史進展中重要的一件大事，它引進了**科技文明**（Technological Civilization），帶來人類生活方式的轉變。

紐考門蒸汽機發明後近一個世紀內，整個世界進入煤能源時代，歷史上稱爲蒸汽機時代，是爲第一期的工業革命，時間大約從 1760 至 1830 年代期間改革偏重於紡織、礦業和水陸交通（圖 1.11），鐵路縮短了城市間距離，輪船從事遠洋航海，使各大陸相聯，因此整個世界觀跟著改變。

十九世紀中葉以後，工業革命進入一個新的階段，即第二期工業革命。更多新的發明問世：諸如電話、電力、鋼鐵、化工產品等，被稱爲「石油與內燃機時代」或「電氣時代」，主要使用的能源是石油與天然氣。二十世紀美國德州發現大油田，開啓了能源使用的新紀元（圖 1.12）。石油取代了煤，成爲更有效率的燃料，配合內燃機的使用，汽車被發展成爲普遍使用的交通工具，飛機的發明更完成了人類幾千年來飛行天空的夢想（圖 1.13）。石油及天然氣的使用，提供了二十世紀經濟發展所需廉價能源，二十世紀全球經濟因此蓬勃發展，被稱爲「石油世紀」。

1960 年代核能進入商業用途（圖 1.14），發電業界對核能發電趨之若鶩，以爲核能會是最便宜的能源，直到 1970 年代起發生幾次核能反應爐的安全問題，如 1979 年美國賓州之三哩島（Three Mile Island）核電廠外洩事件、1986 年烏克蘭之車諾比（Chernobyl）核電廠爆炸、2011 年日本福島核災，核能的安全性被審慎評估，核能使用熱潮已大幅降低。

以上煤、石油、天然氣與核能等主要能源的使用，使科技文明發展達到巔峰。然而這些非再生能源的使用，卻逐漸改變了環境，並且因著它們的衰竭，科技文明的繁茂景象可能將會消失。

科技文明的興起

科技文明興起，逐漸改變生態環境
- 第一期工業革命：使用煤能源
- 第二期工業革命：使用石油、天然氣與核能源

1712 年紐考門（Thomas New Comen）發明蒸汽機，整個世界進入一個煤能源時代，歷史上稱爲蒸汽時代或機器時代，是爲第一期的工業革命，使用煤能源爲動力來源（左圖），應用於紡織、礦業和水陸交通等工業（右圖），人類至此進入科技文明。

圖 1.11　煤能源時代

十九世紀中葉以後內燃機被發明，但尚未大量開採石油，1901 年 1 月在美國德州的紡錘頂（Spindletop）發現大油井，開啓了能源使用的新紀元（左圖），隔年 10 月紡錘頂已是油井林立（右圖）。

圖 1.12　「石油與內燃機」時代或「電氣」時代

二十世紀初發現大油田，配合內燃機發展成汽車，1896 年亨利福特研發大眾使用的國民車（左圖）；1903 年萊特兄弟發明滑翔機（右圖）。石油與天然氣被大量使用，帶動經濟普遍發展，二十世紀被稱爲「石油世紀」，受惠於廉價石油。

圖 1.13

第二次世界大戰因廣島、長崎被投下二顆原子彈結束，戰後核能的和平用途被研發，1960 年代核能首次進入商業用途，大眾趨之若鶩。

圖 1.14

二、生態環境改變

　　大自然本來係處於一個奇妙的平衡狀態，陽光、雨水、空氣、土壤、生物等都完美的彼此平衡，構成一個優美的生態環境，使生物能夠生存無虞，例如大氣中的氧氣是地球上生物生存所需，它來自植物及浮游生物的光合作用。水是生物生存憑藉，大氣中水分與海洋間巧妙的平衡，使大氣中不致有太多或太少的水。二氧化碳來自長期火山噴發氣體的累積，也經由有機物質及化石燃料的燃燒、植物的分解及生物體的呼吸所產生。二氧化碳雖然只占大氣成分的 0.0407%，卻是一個重要的溫室氣體，能夠吸收熱能，影響地表的溫度變化甚大。然而幾個世紀來，人類燃燒石化燃料排放大量二氧化碳，已逐漸改變大氣中二氧化碳濃度。在平流層上部的臭氧層（O_3），具有吸收太陽光中大部分的紫外線及宇宙射線之功能，使得地球的生物圈受到保護，不致暴露於這些高能射線而致癌。

　　隨著科技文明的發展，許多高科技產品的廢棄物被排放至大自然中，它們都具有相當毒性（Singh 等，2007），而且不易分解。 這些廢棄物積存於空氣、水泊和土壤甚至生物體內，逐漸破壞生態的巧妙平衡，使自然環境漸漸不適合生物生存。每年有成千上萬新的化學產品上市，常常未經充分時間檢驗它們對生物的安全性，特別是對生態環境的影響。這些產品因一時急迫需要被推出，進入環境而形成污染，長期累積便破壞了地球的生態環境。許多工業製造、農業活動產生的污染物質滲入河流、湖泊或地下水中，使水質改變，造成水文圈污染（圖 1.15）。許多生物接觸這些被污染物質，造成了生物圈污染（圖 1.16）。

　　人類對地球生態環境的破壞，以大氣污染最為嚴重（圖 1.17），每年工業生產釋放千萬噸的硫、氮、氯等氣體，使一些致酸物質進入大氣，這些物質與大氣中的水蒸氣產生化學反應，形成硫酸、硝酸或鹽酸，造成具強腐蝕性的酸雨。空氣中的細懸浮微粒（PM 2.5）如果過高，石化病受害者將暴增。細懸浮微粒常因工業污染產生，根據環保署所訂，我國的年平均標準是每立方公尺不超過 15 微克，但 2015 年台灣的年平均值卻達 22.7 微克，中南部冬季的濃度甚至常在 35 至 40 微克間，嚴重影響國民健康。再者，空調與冰箱中作為冷媒用的氟氯碳化物，常因漏氣被釋放於大氣中，使大氣中的臭氧層受到破壞，造成臭氧層破洞，人類生存大受威脅。此外大量燃燒石油與天然氣，排出的二氧化碳使大氣溫度上升，造成全球暖化的嚴重後果。暖化也引起森林野火頻頻發生，加上近年來森林大量被砍伐，聯合國糧農組織世界森林狀況報告於 2007 年指出，全球森林正以每年約 730 萬公頃的速率消失，嚴重危害地球的生態。

　　1986 年烏克蘭之車諾比（Chernobyl）核電廠因爐心過熱爆炸，及 2011 年的日本福島核電廠大量輻射外洩及污染事件，核電廠的安全性及核能污染可能造成的駭人災難引起全球關切（圖 1.18），核污染更加重了地球生態環境惡化的急迫性。

生態環境的改變

```
                    生態環境的改變
        ┌──────────┬──────────┬──────────┐
        ▼          ▼          ▼          ▼
      水文圈污染  生物圈污染  空氣污染    核污染
```

許多工業製造、農業活動產生的污染物質滲入河流、湖泊或地下水中，使水質改變，造成水文圈污染，水質污染影響水的正常用途並危害生物體的健康。

◀ 圖 1.15　水文圈污染

015

許多生物接觸被污染的環境，造成生物圈污染，其中食物鏈中環節越高者，所累積的濃度越高。

▶ 圖 1.16　生物圈污染

人類對地球生態環境的破壞，以大氣的污染最嚴重。工業生產中排放大量氮、硫、氯等氣體至大氣，造成酸雨。空氣中的細懸浮微粒（PM 2.5）高，使石化病受害者暴增。工業用空調之冷媒（氟氯碳化物 CFCs），在大氣中不易分解，破壞臭氧層。

◀ 圖 1.17　空氣污染

1970 年代起發生幾次核能反應爐的安全問題，如 1979 年美國賓州三哩島事件、1986 年烏克蘭之車諾比核電廠爆炸、2011 年福島核電廠氣爆，核能使用的熱潮如今已大幅減退。

▶ 圖 1.18　核污染

三、全球暖化與極端氣候增加

（一）全球暖化

近年來，天災的加劇也歸因於全球暖化。所謂全球暖化，是指接近地表處的大氣和海洋的平均溫度上升的現象。圖 1.19 中溫度紀錄顯示，過去一個多世紀以來全球表面平均溫度持續上升，例如從 1906 ～ 2005 年，全球表面平均溫度上升了約 0.74℃（1.33℉）。此增溫現象日漸嚴重，尤其是過去三十年來大氣暖化加劇至每十年增加約 0.2℃（Hansen 等人，2006），且此增溫趨勢似乎仍在繼續中（IPCC, 2007）。

大多數科學家相信，全球暖化的現象主要是人為因素造成的。自從一百多年前內燃機被發明與製造，人類開始燃燒化石燃料並排放了大量的溫室氣體至大氣層中，加上大量林木的清理和耕作等都增強了溫室效應。

溫室氣體主要指的是二氧化碳（CO_2），美國「斯克利浦斯海洋研究所」（Scripps Institute of Oceanography, SIO）的芮維爾教授（Revelle & Suess, 1957），首先懷疑大氣中二氧化碳濃度的增加造成溫室效應，1958 年起在夏威夷的莫納羅亞火山上設立了觀測站，記錄 1958 年至 1974 年近地表大氣層每日二氧化碳濃度（Keeling 等人，1976）。美國「國家海洋暨大氣管理局」（NOAA）並從 1974 年起繼續在莫納羅亞觀測站記錄每日二氧化碳濃度（Thoning 等人，1989），直至今日。這些紀錄在在證明大氣中二氧化碳大幅增加的事實，從 1958 年的濃度百萬分之二百八十增至 2015 年的百萬分之三百九十七，每年增加約百萬分之二，圖 1.20 是其觀測結果，圖中直線為季平均值，根據芮維爾教授的研究，二氧化碳的增加反映了約百分之六十三的溫室效應。

除了二氧化碳對暖化的影響，近年來許多研究顯示，甲烷（CH_4）、氧化亞氮（N_2O）與氟氯碳化物（CFCs）及氫氟碳化物（HFCs）等氣體大量排放於大氣，它們產生的溫室效應幾乎近等同於二氧化碳（Grewe 等人，2001）。以上溫室效應的結果，使全球表面平均溫度在過去一個世紀以來（1906 ～ 2005 年），上升了約 0.74℃（圖 1.19），並且此增溫的趨勢仍在繼續中。

溫室氣體	排放來源
二氧化碳（CO_2）	石化燃料、物質燃燒、砍伐森林
甲烷（CH_4）	垃圾場、農牧活動、石油、天然氣、煤礦開採
氧化亞氮（N_2O）	化肥、工業製程
氫氟碳化物（HFCs）	冷媒、滅火器、半導體、噴霧劑
全氟碳化物（PFCs）	鋁製品、半導體、滅火器
六氟化硫（CSF_6）	電力設施、半導體、鎂製品
氟氯碳化物（CFCs）	冷媒、清潔劑、發泡劑

資料來源：IPPC 第三次評估報告（2001）

圖解氣候與環境變遷

全球暖化與極端氣候增加

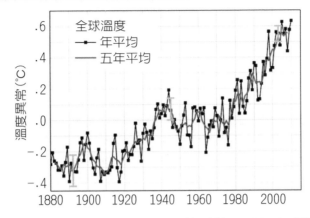

圖 1.19　過去一百多年來的氣溫紀錄，特別從 1960 年起溫度持續上升（取自 Hansen 等人，2006），0°C 基準線係指於 1951～1980 年期間）

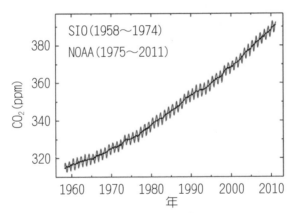

圖 1.20　Mauna Loa 月平均二氧化碳量（資料來源：美國「國家海洋暨大氣管理局」與「斯克利浦斯海洋學研究所（SIO）」的觀測紀錄）

知識
補充站

人類對周遭環境的變化常是後知後覺，全球暖化便是一例。幾個世紀以來石化能源的使用，不知不覺地改變了我們的環境，這麼重要的事實卻遲遲無人發現。圖 1.19 顯示過去百年來的氣溫紀錄，自 1960 年起氣溫持續上升，更屢達數百年來最熱，但直到 1980 年代，地表氣溫升高事實才被大眾注意。圖 1.20 顯示，大氣中二氧化碳濃度增加趨勢與 1960 年起氣溫上升趨勢一致，說明二氧化碳濃度增加所造成的溫室效應，是近年來地表氣溫上升的主因。故此大氣的溫室效應該是真的，大氣中的二氧化碳濃度雖然每年僅增加百萬分之二，卻改變了正常氣候，且此趨勢仍在繼續中。

（二）極端氣候增加

如此快速的暖化速率對全球氣候的影響極大，特別是**極端氣候**（Climate Extremes）的增加。所謂極端氣候，是指極熱或極冷的天氣所造成的惡劣天候，一般說來，它們造成的災害約占天然災害的七成左右。受到全球暖化的影響，這些極端型氣候如乾旱、豪雨、颱風、龍捲風、海平面上升、沙漠化，或其他惡劣天氣，它們發生的頻率和強度都在逐漸增加。

圖 1.21 是暖化增加極端氣候現象的解釋，此圖是各種天氣隨氣溫分配的機率，暖化使圖中平均數及均方差都增大。當暖化效果越顯著，整個氣溫分布機率曲線越往增溫方向移動。假設氣溫高過某臨界值，即為熱的極端氣候；氣溫低於某臨界值，則為冷的極端氣候。圖 (c) 是結合圖 (a) 平均值增加與圖 (b) 均方差增加的結果，導致更多極端氣候及更多破紀錄的高溫天氣，熱的極端氣候發生機率升高，但冷的極端氣候發生機率降低，其中受影響最顯著的便是**水文循環**（Hydrologic Cycle）。由於海洋溫度增加，水蒸發加快，大量水氣被輸送進入大氣，進而導致有些地區短時間內降雨量增加，使各種氣象型天災如熱帶氣旋、雷雨、冰雹、龍捲風、洪水、土石流等發生機率升高，有些地區降雨量反而減少，變得更乾旱，加速了內陸地區的沙漠化，沙漠有擴大的危險。由於高緯度暖化的速率較低緯度快，因此高緯度極端氣候增多的影響可能更顯著。

在全球氣候變遷的研究項目中，水文循環是重要的一環。隨著暖化的現象，全球水文循環也會改變，不但影響各地區的降水型態、植物農作物之分布，且破壞了生態環境，也直接衝擊水資源運用及糧食生產。關於水文循環的說明，將在第二章再作進一步的探討。

以上因極端氣候增加天然災害的強度與頻率，近年來屢見不鮮。例如近幾年颱風來襲，都帶來驚人雨量。以 2008 年為例，7 月的卡玫基、鳳凰颱風及 9 月的薔蜜、辛樂克颱風，其瞬間豪雨都打破台灣百年來氣象紀錄，辛樂克甚至重創廬山溫泉地區。 2009 年的莫拉克颱風、2010 年的凡那比與梅姬颱風、2013 年的康芮颱風及 2015 年的蘇迪勒颱風，均因豪雨和土石流，為台灣帶來重大災情。全球颱風災情亦然，2005 年卡崔娜颶風襲擊美國南岸，重創紐奧良市，造成 1,836 人死亡。2013 年海燕颱風襲擊菲律賓中部地區，死亡人數超過 5,000人。此外龍捲風災情近年來也異常嚴重，例如 2011 年美國 3～5 月發生約 1,000 個龍捲風，造成至少 454 人死亡，創六十年來龍捲風傷亡紀錄。極端氣候也造成乾旱現象，東非 2011 年面臨六十年以來最嚴重旱災，約有 1,300 萬人身陷飢餓之中。

除上述天災，各地的暴風雪、雷雨、龍捲風、熱浪、野火、沙塵暴、土石流等，更是頻頻發生，而且規模都很嚴重。因為極端氣候的增加，今天人類比以往任何時代都更暴露於天然災害的危險之中。

極端氣候增加

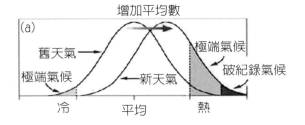

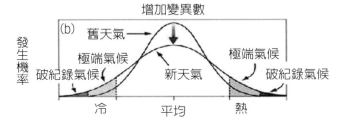

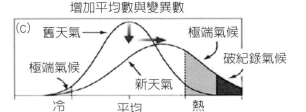

圖1.21　受到暖化影響，氣溫分布機率曲線中的平均溫度及方差（變異數）
　　　　均會往增溫方向移動，各種氣候發生機率出現以下改變：（a）
　　　　平均溫度升高，（b）方差增大，及（c）兩項效應相加結果，導
　　　　致更多熱的極端氣候（灰色部分）及破紀錄（黑色部分）天氣。
　　　　圖中更符合真實情境（IPCC，2007）

全球暖化對水文循環及各種天候的影響

海洋溫度增加 ⇨ 水蒸發加快 ⇨ 大量水氣進入大氣

⇨ 有些地區短時間內降雨量增高，有些地區降雨量反而減少

⇨ 各種氣象型天災如熱帶氣旋、雷雨、冰雹、龍捲風、洪水、土石流
等發生機率升高，有些地區變得更乾旱

在過去的一百年裡（1906 ～ 2005 年），地表溫度的全球平均值增加了大約 0.74 ℃，然而此增溫現象近年來似乎更加劇烈。IPCC 評估，過去二十五年增溫趨勢為每十年增加 0.177℃（IPCC, 2007）。IPCC 的主要目標是：至本世紀末，地表平均溫度變化能控制於 2℃ 之內，然而這個目標恐怕很難達成。由於大氣中已有相當的溫室氣體，它們是長期排放所累積的結果，將停留於大氣中很長一段時間，而此時人類卻還在繼續地製造更多的溫室氣體，因此全球暖化趨勢可能越發加重，此暖化加劇趨勢可見下列 3 則新聞事件。

2015 年 1 月 17 日即時新聞：地球氣溫破紀錄，2014 年史上最熱

地球高溫再創紀錄！2014 年成為地球一百多年來最熱的一年，使得全球暖化議題重新浮上檯面。美國「國家海洋暨大氣總署」（NOAA）與「國家航空暨太空總署」（NASA）獨立進行調查並獲得相同的結論，共同發表此研究。

NOAA 的報告中顯示，2014 年全球的平均溫度比二十紀平均溫度高了 0.69 ℃，也比 2005 年和 2010 年所紀錄的最高溫還高出了 0.04℃。該報告並指出：「全球到處出現創紀錄高溫」、「2014 年全球的地表和海面平均溫度，都是自 1880 年有紀錄以來的最高溫」。

2015 年 08 月 22 日即時新聞：今年 7 月史上最熱

美國 NOAA、NASA 及日本氣象廳一致發現，2015 年 7 月為史上最熱的一個月，2015 年也幾乎確定將是史上最熱的一年。

NOAA 證實，7 月全球平均溫度為 16.6℃，比 1998 和 2010 年先後所創下的紀錄高出大約 7 分之 1℃。這是相當大的增幅，因為過去打破紀錄的月份溫度升幅通常在 20 分之 1 以下。NOAA 氣候科學家克洛奇表示：「這再度確認了我們已知的一件事——地球正在暖化，而且是加速暖化，今年我們真的看到了這個加速。」

NOAA 的全球溫度紀錄始於 1880 年。2015 年 1 ～ 7 月，已寫下 NOAA 史上最熱的 1 ～ 7 月紀錄，全球平均溫度為 14.7℃，高於二十世紀同期，而且比 2010 年所創下的年度前七個月溫度高了 6 分之 1℃。今年 7 月不僅是有紀錄以來最熱的一個月，也可能是過去四千年中最熱的一個月。

2017 年 1 月 18 日即時新聞：2016 年史上紀錄最高溫，全球氣溫連續 3 年創新高

根據 NOAA、NASA 所做的分析指出，2016 年地球的地表溫度再次創下紀錄，為自從 1880 年有紀錄以來的最高溫，同時也是連續 3 年寫下新高溫。

世界氣象組織（WMO）也證實，2016 年是人類史上最熱的年份，它並提到：「大氣中的二氧化碳與甲烷濃度是造成氣候變遷及新紀錄的推波助瀾者。」

第 2 章

認識大氣（一）

Unit **2-1**
大氣的成分與結構

　　地球最奇妙之處便是存在一個覆蓋地表的大氣層，它雖然只有薄薄的一百多公里厚，卻是地球上所有生物生存所共需的，它與我們的生活息息相關、密不可分。然而大多數人卻對我們賴以生存的大氣認識不多，因此在進入氣候變遷主題之前，我們必須對地球大氣有基本的認識。本章中含括大氣的成分、大氣的垂直結構、大氣的能量傳遞，以及大氣的溫度等領域知識，可作為以後各章討論氣候變遷的理論根據。

一、大氣的成分

　　地球初期的大氣，大多由氫氣（H_2）、氦氣（He）及少量之二氧化碳（CO_2）、甲烷（CH_4）、氨（NH_3）所構成，但這些氣體後來均因地球初期之高熱而逃逸。今日地球的大氣，主要是由氮氣（N_2）、氧氣（O_2）、氬氣（Ar）、二氧化碳和不到0.04% 比例的微量氣體所構成。大氣中各種氣體所占比例，可見於表 2.1 及圖 2.1，其中除了氮氣、氧氣、氬氣含量為廣稱的主要氣體之外，其他則屬微量氣體。大氣中各種氣體簡介於下：

　　大氣中的氣體主要來自火山噴發的大量氣體，經長時間在大氣中儲積而成（圖 2.2）。氮氣是地球大氣中最多的氣體，占總體積的 78.08%。火山噴發的氣體中，氧氣的比例並不高，但空氣中的氧氣卻約占了全部空氣體積的 5 分之 1，是空氣的重要組成成分，氧氣是地球上生物生存所共需。氧來自植物及浮游生物之光合作用，但為何氧氣能占有空氣中如此高的比例？

小博士解說

大氣的構成元素：

構成大氣的主要元素為氮、氧、氬、二氧化碳，其成分比例見圖 2.1。氮氣是大氣中含量最豐富的元素，為植物生長所必需；氧氣是大氣含量次豐富的元素，可助燃，並為動物呼吸所需；其次為氬氣，它是由岩石中放射性鉀的衰變釋放累積而來，氬為惰性氣體，不易與它物發生反應。此外，占大氣 0.0407% 的二氧化碳，是植物行光合作用所必需。大氣中不到 0.04% 的微量氣體，如一氧化碳、甲烷、氟氯碳化物及水蒸氣，以及一些懸浮微粒等，這些微量氣體和懸浮微粒都各有其重要性。

大氣的成分

表 2.1　大氣中主要氣體百分比

成分	(%)
N_2	78.08
O_2	20.94
Ar	0.934
CO_2	0.0407

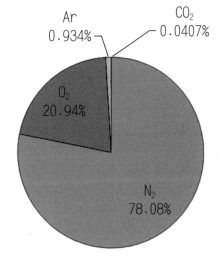

Ar
0.934%

CO_2
0.0407%

O_2
20.94%

N_2
78.08%

圖 2.1　今日地球的大氣，主要由氮氣（N_2）、氧氣（O_2）、氬氣（Ar）、二氧化碳（CO_2）和不到 0.04% 比例的微量氣體構成

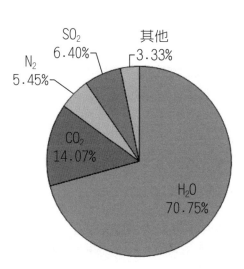

SO_2
6.40%

其他
3.33%

N_2
5.45%

CO_2
14.07%

H_2O
70.75%

圖 2.2　火山噴發的氣體，主要包括水蒸氣、二氧化碳、二氧化硫、氮、氬和其他微量氣體，儲積構成今日大氣

　　藍綠藻可說是地球上第一批製造氧氣的始祖，使生物得以生存下來（圖 2.3）。在地球四十六億年漫長的歷史中，**藍綠藻**（Blue-green Algae）於三十五億年前即存在，是地表中存在最久、最原始、最簡單的一種生物。科學家在西澳大利亞發現三十五億年前即已存在的藍綠藻化石，那些藍綠藻最終形成了層疊石。雖然太古時期的環境和現在大不相同，但當時的藍綠藻卻和現在的藍綠藻外型極為相近（圖 2.4），因此藍綠藻藉光合作用製造氧氣，在寒武紀（五億七千萬年前）生物大爆炸前，它很可能是提供大氣中氧氣的主要來源（圖 2.5）。

　　二氧化碳來自長期火山噴發氣體的累積，它也是由有機物質及化石燃料的燃燒、植物的分解及生物體的呼吸所產生。二氧化碳現在雖然只占大氣比例的 0.0407%，卻是重要的溫室氣體，能夠吸收大量的熱能，它的存在對地表溫度變化的影響甚大。因為一個多世紀以來，人類燃燒石化燃料排放大量二氧化碳至大氣，已漸漸改變大氣中二氧化碳的濃度。有關二氧化碳對大氣溫度的影響，在以下各章還會一再提及。

　　大氣的成分除了以上所述氧氣、氮氣、氬氣、二氧化碳等主要氣體外，也包含一些微量氣體，如一氧化碳、甲烷、氟氯碳化物、水蒸氣等。

　　氟氯碳化物作為空調與冰箱中用的冷媒，常因漏氣被釋放於大氣中，進而造成臭氧層破洞，使人類生存大受威脅，在下章中我們再來詳細介紹。

　　水蒸氣以各種型式儲藏於海洋、冰河、湖泊、河川與大氣。水是生物生存的憑藉，大氣中水分與海洋間巧妙的平衡，使大氣中不致有太多或太少的水，生物因此能夠生存。此外大氣中也含一些懸浮微粒，如：火山灰、污染物、核爆輻射塵等，它們可停留在大氣層中數個月到數年之久。懸浮微粒是飄浮在空氣中的微小顆粒之總稱，有自然產生及人造的。自然產生的懸浮微粒有火山灰、**塵灰**（Soil Dust），以及**海鹽懸浮微粒**（Sea Salt Aerosol）等。人造的懸浮微粒有工業灰塵（大多為燃燒不完全產生的雜質）、煤煙、**硫酸鹽**（Sulfate）及**硝酸鹽**（Nitrate）懸浮微粒等。

　　雲的形成與空氣中的懸浮微粒有關，這些物質成為凝結核以吸附小水滴，故凝結核越多，降雨機會越高，這就是為何在缺雨時，飛機噴灑乾冰或碘化銀在雲中來增加大自然原本的降雨量，這種方式就稱為「**種雲**」（Cloud Seeding）（圖 2.6）。

小博士解說

大氣中氧氣的由來？

氧氣是動物生存所必需，大氣中的氧氣由植物行光合作用而來，特別是水域中植物性浮游生物，大氣中僅含 0.0407% 的二氧化碳，如何能產生占空氣體積20.9% 的氧氣？氧氣有可能是來自海水中的藍綠藻，藍綠藻是初期地表三十億年以來唯一生存最原始簡單的生物，藍綠藻藉光合作用產生氧氣。到了五億七千萬年前寒武紀時，大氣中已含充分氧氣，最終導致了生物突然爆發，生物學家稱之為寒武紀大爆炸（圖 2.5）。

圖 2.3　藍綠藻可能是氧氣的重要來源　　圖 2.4　疊層石狀的藍綠藻

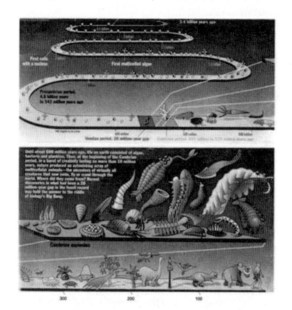

圖 2.5　藍綠藻進行光合作用，釋放出大量氧氣

圖 2.6　在雲中作為凝結核以吸附水滴，增加降雨機率的方式，稱為「種
　　　　雲」

二、大氣的垂直結構

　　氣象學家習慣根據大氣溫度隨著高度的變化，將其分爲四層（圖 2.7），各層的構造與其功能介紹如下：

1. 對流層（Troposphere）

　　這是從地表到大約 10 ～ 16 公里高度，溫度隨高度而下降（在濕空氣中每公里高度下降約 6℃，在乾空氣中下降約 10℃），受到其間空氣對流的特性（熱空氣上升，冷空氣下降），所有天氣的變化都在對流層內發生。因爲大氣中的水蒸氣，約有 80% 存在於對流層內，所以它也是蒸發、雲、雨、雪等最經常出現區域（圖 2.8）。對流層的頂端稱爲**對流層頂**（Tropopause）。

2. 平流層（Stratosphere）

　　從對流層頂到大約 50 公里的高度，溫度隨高度而增加，稱爲平流層。溫度上升的原因是其上部臭氧分子吸收陽光的能量所致。臭氧層吸收了大部分的紫外線，使人體不致受害，因此臭氧層的存在對人類生存是很重要的。因爲平流層內氣流穩定，故一般噴射客機都會先爬升到這個高度再飛往目的地，平流層的頂端稱爲**平流層頂**（Stratopause）。

3. 中氣層（Mesosphere）

　　從平流層頂到大約 85 公里高度，溫度隨高度而下降，稱爲中氣層，中氣層的頂端稱爲**中氣層頂**（Mesopause）。

4. 增溫層（Thermosphere）

　　從中氣層頂到大約 120 公里高度，溫度隨高度而增加，稱爲增溫層，密度極低，其外即外太空。在這裡，增溫層的大氣已經非常稀薄，陽光中的紫外線和 X 射線等高能射線撞擊空氣分子，進行光電離作用，生成許多電離子，在這個高度下形成了一個電漿體，因此也稱爲電離層。由於空氣稀薄，只要吸收一點能量，溫度就變得很高，因此稱作增溫層。由於電離子會吸收、反射電訊，電離層的狀況對長程通訊影響很大（圖 2.9）。

小博士解說

接近平流層頂爲臭氧層，吸收紫外線能量，故溫度隨高度漸增，一直到 50 公里高度。平流層上方爲中氣層，溫度再度隨高度下降，一直到 85 公里高度，其上爲大氣層最外層，稱爲**增溫層**。

大氣的結構

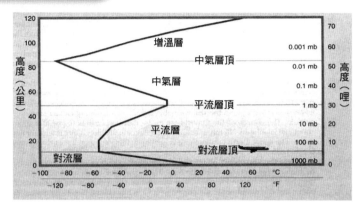

圖 2.7　大氣層內溫度的變化及特性

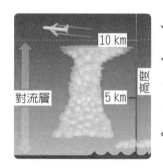

對流層位在近地表處，溫度隨高度下降，產生空氣對流現象，故稱對流層，所有天氣的變化都在此層內發生。對流層上方為平流層，其中氣流較為穩定，一般噴射客機會先爬升到此高度再飛往目的地。

◀ 圖 2.8　平流層的氣流及溫度較穩定，最適合飛機飛行

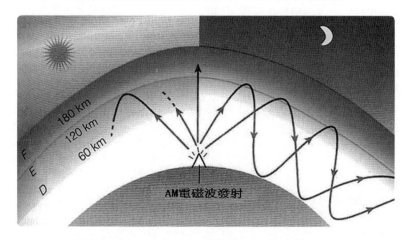

圖 2.9　從中氣層頂到大約 120 公里高度，空氣已非常稀薄，陽光中高能射線撞擊該處空氣分子，使溫度遽增，故稱增溫層；因氣體分子進行光電離作用，故又稱電離層，電磁波可在此層與地表之間重複反射，將電磁波傳播至遠處

三、氣壓及空氣密度隨高度分布

　　大氣氣壓及空氣密度隨高度的增加而成指數遞減。所謂氣壓，是指單位面積上方空氣的總重量（如同水的靜壓），大氣氣壓隨高度變化如圖 2.10 所示。假設在接近地表處氣壓為一大氣壓（巴），或為 1,000 毫巴，每上升 1,000 公尺，氣壓約降低 100 毫巴。如圖 2.10 所示，5,000 公尺處氣壓約為 500 毫巴，則大約一半重量的空氣聚集在 5,000 公尺以下。4,000 公尺處氣壓約為 600 毫巴，600 毫巴等壓面指該處上方及下方大氣各占 60% 及 40% 的重量。大部分的空氣則聚集在低對流層，而且低層大氣密度遠大於高層大氣。

　　在高空或高山活動，需要知道各高度氣壓及空氣密度狀況，以下我們來分析幾個與大氣結構有關的實例：

實例一

2012 年 10 月 15 日，奧地利冒險家鮑姆加特納從太空邊緣跳下，完成離地表約 39,000 多公尺躍下的壯舉。跳傘最高速度達每小時 1,342 公里，等於 1.24 馬赫，締造了史上高空跳傘最高紀錄，也是史上第一位以超音速跳傘的人（圖 2.11(a)）。鮑姆加特納跳傘的高度為 39,000 多公尺，位於平流層內，圖 2.10 中顯示該處氣壓及空氣密度都近乎為零。

實例二

登山者常罹患的問題是高山症，高山症是人體在高海拔狀態由於氧氣濃度降低而出現的急性病理變化現象，如圖 2.11(b) 所示。隨著高度的增加，大氣壓力逐漸的降低，因此吸入的氧氣也隨著降低。在低壓缺氧的高山環境裡，當登山者爬升高度過高，其空氣密度超過身體適應的能力時，高山症就會發生。高山症罹患之高度隨各地氣溫而異，通常出現在海拔 2,500 公尺以上。高山症通常出現的症狀為噁心、嘔吐、全身無力等，此時可以高濃度氧氣治療（圖2.11(b)），但嚴重時可引起肺水腫和腦水腫甚至致死，此時應立即下山，尋求醫療設備治療。

小博士解說

高山症治療：
一旦出現高山症症狀時，最好是立即下山。如因故無法下山，可給予高濃度氧氣治療，並讓病人在空氣流通處休息。治療病人頭痛可服用止痛藥，但避免使用阿斯匹靈，因阿斯匹靈會降低血小板的凝血功能，增加視網膜出血機率。

圖解氣候與環境變遷

氣壓及空氣密度隨高度分布

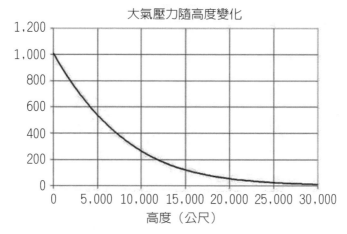

大氣壓力隨高度變化

圖 2.10　大氣氣壓及空氣密度隨高度增加而逐漸遞減

實例一

(a)　奧地利冒險家鮑姆加特納完成超音速跳傘壯舉，該處接近平流層頂，氣壓及空氣密度都幾近於零

實例二

(b)　出現高山症反應時，氧氣瓶可作應急之用

圖 2.11　實例一及實例二

Unit **2-2**
大氣的能量傳遞

一、大氣中能量傳遞方式

大氣中能量傳遞主要有三種方式：傳導、對流、輻射，圖 2.12 是一簡單示意圖。

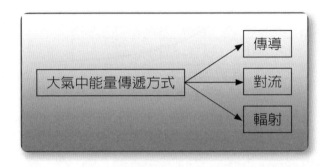

1. 傳導（Conduction）

熱藉分子的直接接觸，從較熱的部分傳遞到較冷的部分，稱為傳導。

水是熱的優良導體，空氣與冰則否。

例如：**愛斯基摩人**（Eskimo）藉著用冰磚疊成的**冰屋**（Igloo），熬過嚴寒的冬天。室外冰天雪地，室內暖和許多（圖 2.13），其建造冰屋的原理主要如下：首先，冰是熱的不良導體，厚厚的冰層更利於防止熱量傳遞，所以能很好地隔熱，屋內的熱量幾乎不能經由冰牆傳導到屋外。其次，由於冰屋密實不透風，能夠把寒風拒之於屋外，所以住在冰屋內的人，可以免受寒風的侵襲。再者，冰屋極易建構，約一日工作即可完成。

 小博士解說

能量是什麼？

能量是一種物理量，是一個物理系統對其他系統做功的能力。能量會以多種不同形式存在，如化學能、電能、熱能、輻射能、機械能、核能等。

能量在不同物理系統中能彼此傳遞，但其傳遞遵守著一些基本定律，即能量守恆定律與熵增定律。能量守恆定律又稱熱力學第一定律，它指出能量在轉換和傳遞過程中，各種形式能源的總量會保持不變；熵增定律又稱熱力學第二定律，它指出在一個閉合系統中，熱力增加時，熵（亂度）也會跟著增加，即熵總是會隨時間增加。

圖解氣候與環境變遷

大氣的能量傳遞

對流　傳導　輻射

圖 2.12　大氣中能量傳遞的三種方式示意圖

圖 2.13　冰屋傳導性不佳，不易藉其傳導冷氣，寒冬時室內可保持暖和

·湖面結冰奧祕

　　多日湖水結冰，其冰下的水族卻得保生存，這是自然界的一個奧秘。秋季時，湖水表面漸漸冷卻，因水的密度在 4℃ 時最大（圖 2.14），湖面受寒較冷、較重而引起湖水的對流，此時的湖水上下層溫差與密度差逐漸減小，當上層水溫接近 4℃ 時，形成同溫現象，湖水不再對流。冬季時，當氣溫降至 4℃ 以下，表層水溫較低，底層較高，但不高於 4℃，湖水不再對流。當湖水結冰，即成一網狀結構（圖 2.15），體積膨脹、密度變小，因此湖冰浮於表面，形成一層不良導體，能夠隔絕寒氣，表面浮冰因此隔絕湖面的天寒地凍，湖下水族得保生存。

　　唐代詩人柳宗元作詩「千山鳥飛絕，萬徑人蹤滅，孤舟蓑笠翁，獨釣寒江雪」，短短幾句詩，即生動地勾勒出多日廣闊蒼涼的畫面，圖 2.16 是哈爾濱釣客在寒江上的冰釣圖。寒江下的水族能夠生存，是自然界的一大奧秘，不像油，因為不具此特性，一旦結凍，將全部結凍（圖 2.17）。

小博士解說

水的奇特：

水是生物生存所共需，此和它的許多特性有關。自然界的物質，溫度越低其體積越小，密度就越高，但是水與一般物質的變化不同。

(1) 當溫度為 4℃ 以上時，溫度越低，體積越小，密度變大。

(2) 當溫度為 4℃ 時，體積最小，密度最大，為 1 g/cm^3。

(3) 當溫度為 4℃ 以下時，溫度越低，體積越大，密度變小（圖 2.14）。

全世界只有水有這種特性，其他物質都無，例如油一旦結凍，將全部凍結（圖 2.17）。為什麼水會有這種奇妙的特性？科學家也無法解釋。溫度降到 0℃ 以下，水結成冰以後，便形成一個網狀結構，密度降低可使冰浮於水上（冰的密度為 0.91 g/cm^3）。由於冰的不良傳導性，水面一旦結冰，就會隔絕冰面以下與外界冷空氣的接觸，故冰面結凍到某一個厚度後就會停止，藉以使冰面以下的生物得以生存度過寒冬，水的這個特性，說出大自然的奧妙。

水的特性與結構

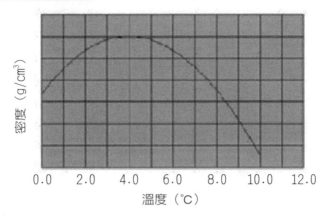

圖 2.14 水的密度特性

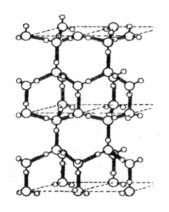

◀圖 2.15 水結冰成網狀結構

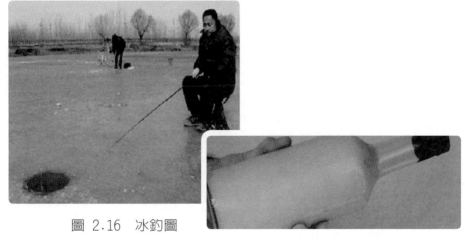

圖 2.16 冰釣圖

圖 2.17 油的結凍

2. 對流（Convection）

對流是指流體內部的分子運動，是流體中熱能傳遞的主要方式。因爲溫度的差異，使得流體之間密度不同，進而產生對流現象。在大氣中（圖 2.18）、海洋內（圖 2.19），以及地球的地函與外核裡，也都有對流發生。

3. 輻射（Radiation）

輻射不同於傳導與對流，熱能可以電磁波方式放出（圖 2.20），故高溫物體與低溫系統間不須作物理性接觸，也無須介質，熱能即可以電磁波方式傳播。

以下是對電磁波的粗略認識。

(1) 認識電磁波

電磁波（又稱電磁輻射）是由同相振盪且互相垂直的電場與磁場在空間中，藉由波的形式移動，以傳遞能量。電磁波可以按照頻率分類，從低頻率到高頻率，包括有無線電波、微波、紅外線、可見光、紫外光、X 射線和 γ 射線等。

(2) 認識光譜

- 任何一種光線或熱能都可看作是一種波的輻射，其波長的範圍如圖 2.21。
- 太陽光的輻射是一種短波輻射，其輻射範圍包括紫外線（0.2 ～ 0.4 微米）、可見光（0.4 ～ 0.7 微米）及紅外線（0.7 ～ 4 微米）等。
- 當陽光照射地表一段時間後，地表被加熱而放射熱輻射或稱長波輻射，波長為 4 ～ 100 微米。
- 長波輻射被大氣中的氣體如水蒸氣、甲烷、氟氯碳化物、臭氧（O_3）、氧化亞氮（N_2O）及二氧化碳（CO_2）吸收（圖 2.21），這些氣體稱爲**溫室氣體**（Greenhouse Gases）。

034

小博士解說

紫外線指數表：

太陽輻射的波長範圍大約在 0.2~4.0 微米之間，其中波長範圍在 0.2~0.4 微米之間的是紫外光，紫外光因能量高，長期暴露在紫外線中會導致曬傷、眼睛傷害、肌膚老化及皮膚癌等傷害。行政院環保署自 1998 年開始預報隔日紫外線指數，其分類如下：0~2 為微量級、3~5 為低量級、6~7 為中量級、8~10 為過量級、10~15 為危險級。長期在戶外活動時，要注意氣象預報的紫外線指數，若紫外線指數在 5 級以上，就必須做一些適當的防護措施，以保護眼睛及皮膚不受傷害。

對流與輻射

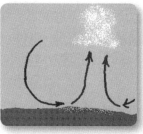

◀ 圖 2.18　對流是流體或氣體熱能傳遞的主要方式，在大氣中與海洋內非常重要

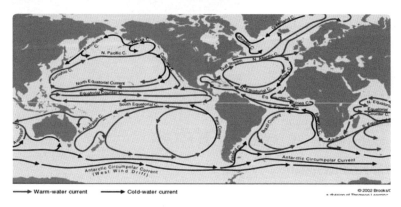

圖 2.19 表面洋流圖：使海水中的熱能達於平衡

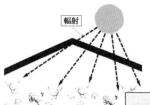

圖 2.20　輻射

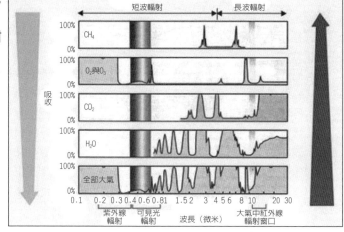

圖 2.21　認識光譜的結構

二、水文循環

　　水是大氣中的一個介質，因水的奇特性（前節所述）且**三相**（Phase，指固相、液相、氣相）共存，是大氣中能量傳遞的重要憑藉，各種不同天氣的變化也都與水有關。茲將**水文循環**（Hydrological Cycle）的現象分述如下。

1. 水文循環的步驟

　　水文循環是指水從海洋及其他水覆蓋區域運行至大氣再回歸地表之循環（圖 2.22），包括以下步驟（水有三相）：

(1) 蒸發（Evaporation）：
　　水從液態改變為氣態的水蒸氣。

(2) 蒸散（Transpiration）：
　　水從植物樹葉表面釋放為蒸氣。

(3) 冷凝（Condensation）：
　　水亦可從氣態改變為液態（雲、霧、露水等）。

(4) 降水（Precipitation）：
　　藉雨、雪、霰、凍雨及冰雹等方式返回地表。

(5) 地下水（Groundwater）：
　　在地下流動，雖運行緩慢（每日流動幾公分到幾公尺），但因作用面積廣大，所以也是水文循環中的重要步驟。

小博士解說

水文循環的意義：

水文循環是自然界物質運動、能量轉換的重要方式之一，它對自然環境的變化影響敘述如下：

(1) **影響氣候變化**：水文循環開始於水從海洋表面及其他水覆蓋區域蒸發，由於潮濕的空氣被抬舉上升，在高空冷凝形成雲，水蒸氣藉大氣環流輸送到各地，直到它以降水形式返回地表。但無論水的蒸發或水蒸氣凝結成雨（冰、雪），都會吸收或釋放大量的潛熱，因此水文循環可以調節氣候。

(2) **改變地表形貌**：降水在地表形成表面逕流，沖刷和侵蝕地表，匯集於河流並藉河流搬運，可沉積成沖積平原，如此改變地表形貌；部分逕流滲入地表，可溶解岩層中物質，藉河流的搬運輸入大海；易溶解的岩石（例如石灰岩）則受到水流侵蝕和溶解作用形成特殊地形。

水文循環與天氣變化有關

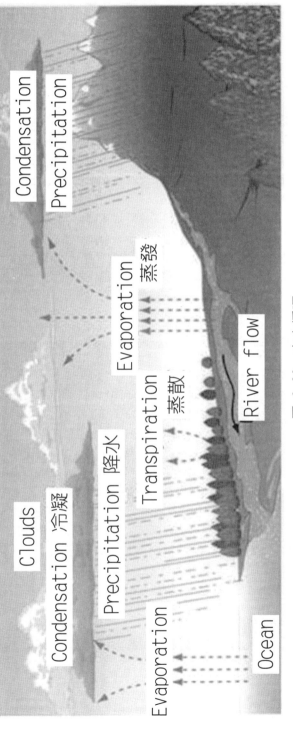

圖 2.22　水文循環

2. 降水（Precipitation）

大氣雲中之水蒸氣因凝結而降落到地面，稱之爲**降水**（Precipitation）。

降水的形式包括液態與固態，可細分爲雨、雪、凍雨、霙（霰）及冰雹等，如下所述。台灣地區之降水型態仍以**降雨**（Rainfall）爲主。

3. 降水的形式

根據大氣中溫度分布，降水產生下列不同形式（圖 2.23）：

(1) 雨：在雲層中以冰晶方式降落，達到某一高度時，溫度達於熔點。
(2) 雪：在雲層中以冰晶方式降落，在任何高度時，溫度均低於熔點。
(3) 凍雨（Freezing Rain）：在某一高度時形成降雨，但接近地表處又結凍，常造成災害（圖 2.24）。
(4) 霙（雨夾雪、Sleet）：在某一高度時形成降雨，但接近地表處結成小冰塊（圖 2.25）。
(5) 冰雹：從積雨雲中降落下來的不規則冰塊或冰球，形狀大小不一，小的如黃豆，碎片大的則像高爾夫球、棒球，常伴隨雷雨而至。

小博士解說

降水的意義：

「降水」是指在大氣中冷凝的水蒸氣，以不同方式下降到地表的天氣現象，是水文循環中的一個重要步驟。當大氣中的水蒸氣過於飽和時，多餘的水蒸氣會凝結並以降水的方式降落地表，常見之降水有雨、雪、凍雨、霙、冰雹等形式。雖然晴空無雲固然不會降雨，但即使有雲，因雲中水滴微小且輕，只能飄浮空中，因此必須使水滴增大至相當的體積與重量，才能因重力自空中落下，而且降水過程中，雲滴因水蒸氣凝結成長極慢，氣象學家認爲雲滴成長爲水滴，主要是透過碰撞結合及冰晶成長過程，詳細內容請見第三章所述。

圖 2.23 說明各種不同降水形式的產生，降水在高空雲中形成時，多爲冰晶形式。若降落期間大氣溫度分布均大於 0°C，便以雨的形式降落。若在降落期間大氣溫度分布均低於 0°C，則以雪的形式降落。若降雨在接近地表時變冷，溫度再度低於 0°C 時即結凍成霙。若降雨在接近地表時變冷，溫度接近 0°C 雨水結凍。形成凍雨，急速上升和下降的氣流則可能造成冰雹，各種不同形式降水造成的災害亦在第三章中進行討論。

降水的形式

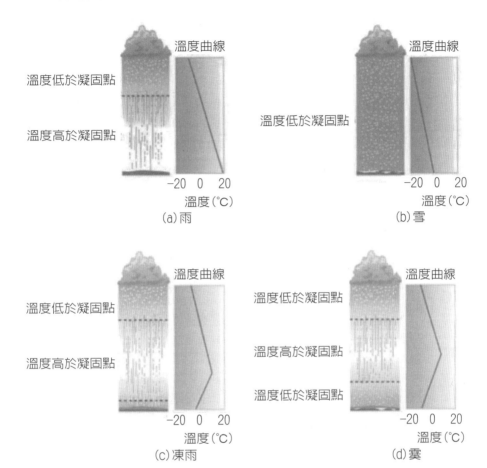

(a)雨

溫度曲線
溫度低於凝固點
溫度高於凝固點
-20　0　20
溫度(℃)

(b)雪

溫度曲線
溫度低於凝固點
-20　0　20
溫度(℃)

(c)凍雨

溫度曲線
溫度低於凝固點
溫度高於凝固點
-20　0　20
溫度(℃)

(d)霰

溫度曲線
溫度低於凝固點
溫度高於凝固點
溫度低於凝固點
-20　0　20
溫度(℃)

圖 2.23　降水之不同形式，根據大氣中溫度分布之不同產生

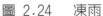

圖 2.24　凍雨

圖 2.25　霰

3. 潛熱（Latent Heat）

水的相位（Phase）變化所需熱量稱為潛熱（圖 2.26），因為水的潛熱很高，所以是大氣中一個重要的能量轉換方式，日常生活許多現象都離不開水的相位變化。例如，當夏天天氣過熱，人體會藉流汗以保持體溫，因汗水蒸發，吸收汽化熱使人體得以降溫。

(1) 融化（Melting）潛熱：冰化成水所需的熱量（80 卡/公克）。

(2) 凝固（Freezing）潛熱：水結成冰所釋放的熱量（−80 卡/公克）。

(3) 汽化（Vaporization）潛熱：水從液態變為氣態所需的熱量（540 卡/公克）。

(4) 液化（Condensation）潛熱：水從氣態變為液態所釋放的熱量（−540 卡/公克）。

(5) 昇華（Sublimation）潛熱：水從固態變為氣態所需的熱量（620 卡/公克）。

(6) 凝華（Deposition）潛熱：是指一種物質從氣態直接轉化為固態的過程，常見的例子有結霜（−620 卡/公克）。

4. 絕熱過程與非絕熱過程

(1) 絕熱冷卻或增溫（Adiabatic Cooling or Warming）：按熱力學定律，當氣塊上升時，外界氣壓逐漸降低，氣塊體積因膨脹作功，消耗內能而降溫，此稱為絕熱冷卻；當氣塊下降時，外界氣壓逐漸加大，氣塊體積因外力作功被壓縮，使內能增加而升溫，此稱為絕熱增溫。若上述氣塊在上升或氣塊下降過程中與周圍發生熱量交換，則稱為非絕熱冷卻或非絕熱增溫。

(2) 絕熱過程（Adiabatic Process）：是一個絕熱體系的變化過程，即是指任一氣體與外界無熱量交換時的狀態變化過程。大氣層中的許多重要現象都和絕熱變化有關，如圖 2.27 所示，乾空氣一般為 ±1℃/100 公尺。

(3) 非絕熱過程（Diabatic Process）：如果一個受到增溫作用或降溫作用的系統藉由輻射和傳導與周圍發生熱量交換，那麼就稱之為非絕熱過程，如圖 2.28 所示，濕空氣一般為 ±0.6℃/100 公尺，此時水分子會釋放液化潛熱參與熱量交換。

小博士解說

絕熱冷卻或增溫：

氣塊上升或下沉時而導致體積膨脹或壓縮，依熱力學定律必然是冷卻或增溫。乾空氣可以絕熱冷卻或絕熱增溫考慮，濕空氣時則以非絕熱冷卻或非絕熱增溫考慮。一般在雲層以下若非潮濕空氣，可視為絕熱冷卻或絕熱增溫，每上升或下降 100 公尺減增 1℃；在雲層以上因有水分子吸收或釋放能量，可視為非絕熱冷卻或非絕熱增溫，每上升或下降 100 公尺減增 0.6℃。

潛熱

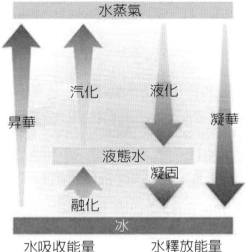

圖 2.26　水的相位變化

絕熱過程與非絕熱過程

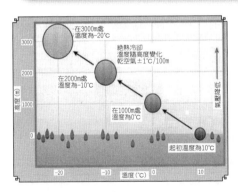

圖 2.27　絕熱過程：乾空氣一般
　　　　　為 ±1°C/100 公尺

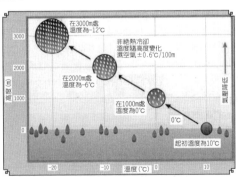

圖 2.28　非絕熱過程：濕空氣一般
　　　　　為 ±0.6°C/100 公尺

絕熱過程與非絕熱過程使氣塊溫度隨高度變化，我們可據此計算雲層中的溫度。

實例

大氣中溫度計算

　　圖 2.29 為大氣中溫度計算實例：

　　(1)雲層以下，因無水分子與周圍發生熱量交換，溫度隨高度變化按絕熱
　　　　冷卻速率計算。

　　(2)雲層以上，因有水分子與周圍發生熱量交換，溫度隨高度變化按非絕
　　　　熱冷卻速率計算。

5. 上升空氣的冷卻作用和下沉空氣的增溫作用實例

(1) 地形雨：由海上來的氣流遇到山脈被抬升，其所帶來的水氣在高空遇冷凝結
　　成雲，在山麓處降下豐厚雨量（圖 2.30）。例如：平溪區的火燒寮、海拔
　　380 公尺，因迎夏季西南季風和冬季東北季風，多地形雨，而為臺灣最多雨
　　地區。

(2) 焚風與野火：超過某一高度後，空氣中水蒸氣含量已大為減少，而降水量漸
　　減。氣流越過山頂，沿背風坡向下流動，則形成增溫、乾燥少雨等現象，有
　　些地區甚至出現焚風（圖 2.30），美國加州聖地牙哥多山地，常出現焚風造
　　成野火（圖 2.31）。

　　地形雨常見於沿岸高山的迎風坡。背風坡則因受山脈所阻，空氣下沉，溫度不斷
增高，降雨反而減少。

小博士解說

焚風與野火：

(1) 焚風是一種出現在山脈背風面的乾燥熱風，當溫濕之空氣受山嶺阻擋，被迫
　　上升而冷卻（非絕熱冷卻，每上升 100 公尺，氣溫降低 0.6℃），水蒸氣凝
　　結降雨在迎風面山坡上，形成地形雨。待空氣越過山嶺後，因下降而變成乾
　　燥空氣，因絕熱增溫而溫度增加（每下降 100 公尺，氣溫就上升 1℃），比
　　鄰近的空氣溫度為高。此種下降氣流形成的風，稱為焚風。

(2) 焚風常引發野火，例如美國南加州周邊地區，常有焚風現象，南加州與東北
　　方的沙漠間有內華達山脈，高約三千公尺。每逢秋季，東北方內華達州附近
　　形成高氣壓，風從東北方爬過山脈而下，造成了焚風，焚風非常乾燥，其相
　　對濕度常在 15% 以下。因為空氣乾燥，一旦有火屑被強風吹動，容易引起
　　野火蔓延，極難搶救。南加州的聖地牙哥因此常發生野火（圖 2.31），動
　　輒燒毀房屋千百戶，造成經濟財產重大損失。

圖解氣候與環境變遷

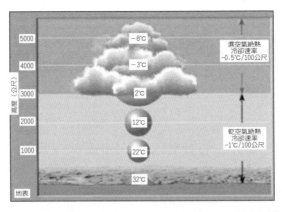

圖 2.29　大氣中溫度計算：雲層以下是乾空氣，按絕熱冷卻速率計算
　　　　（−1℃/100 公尺）；雲層以上是濕空氣，此處按非絕熱冷卻速
　　　　率計算（−0.5℃/100 公尺），各高度溫度如圖中所標示

地形雨

較冷、低壓氣體凝結、降雨或降雪、地形雨

從海上來的溫暖潮濕空氣，遇山地變冷　　焚風　　山的背風為乾燥

圖 2.30　地形雨與焚風示意圖

焚風與野火

圖 2.31　聖地牙哥野火

三、大氣能量收支

上文概述了大氣中能量交換原理，以下則是探討實際大氣中能量收支情形。

1. 能量收支平衡

就全球的平均而言，大氣及地表的能量收支平衡狀態，可以利用圖 2.32作說明。大氣系統輻射收支必須平衡，否則地球溫度會上升或下降。其平衡狀況如下：

(1) 太陽短波輻射（342 W/m²）：

氣體吸收：16%；雲吸收：3%。

散射回至太空：6%；雲反射：20%；地面反射：4%；地面吸收：51%。

(2) 長波輻射（進入太空的量）

地面發射：21%，其中 15% 為氣體吸收，只有 6% 進入太空。

大氣發射：38%，雲發射：26%。

對大氣而言：

吸收 = 16 + 3 + 15 = 34%。

放射 = 38 + 26 = 64%。

所以損失 30% 的能量。此 30% 的能量，則由對流層內的對流及熱傳導將能量由地面傳入大氣。比如，熱空氣上升，冷空氣下降，所以將熱氣往高處送；或水蒸氣上升，溫度下降，凝結成水（潛熱），甚至進一步結冰（潛熱），而釋放出大量潛熱。

小博士解說

大氣能量收支：

如圖 2.32 所示，地球的能量是來自太陽，所有進入大氣層的能量都必須和返回太空的能量相等，地球才能保持總能量守恆，也才能維持氣溫的穩定。地球的大氣層頂吸收來自太陽輻射的能量平均為 342 W/m²，當中有 30% 會被雲散射（20%）、被大氣中空氣分子反射（6%）與地面反射（4%），所以 342 W/m² 當中，只有 70% 能夠進入地球表面（51%）與地球大氣層（19%）。當陽光照射地表一段時間後，地表被加熱而放射熱輻射（紅外線輻射）或稱長波輻射，這些能量以不同的形式被送到大氣中，部分藉蒸發吸收潛熱（23%），部分藉地面熱輻射（21%）與傳導（7%）。當大氣被加熱之後，自身也會放射熱輻射，其中 38% 向太空輻射，雲則向太空輻射 26%，圖 2.32 合理解釋了大氣平均能量收支。

大氣能量收支

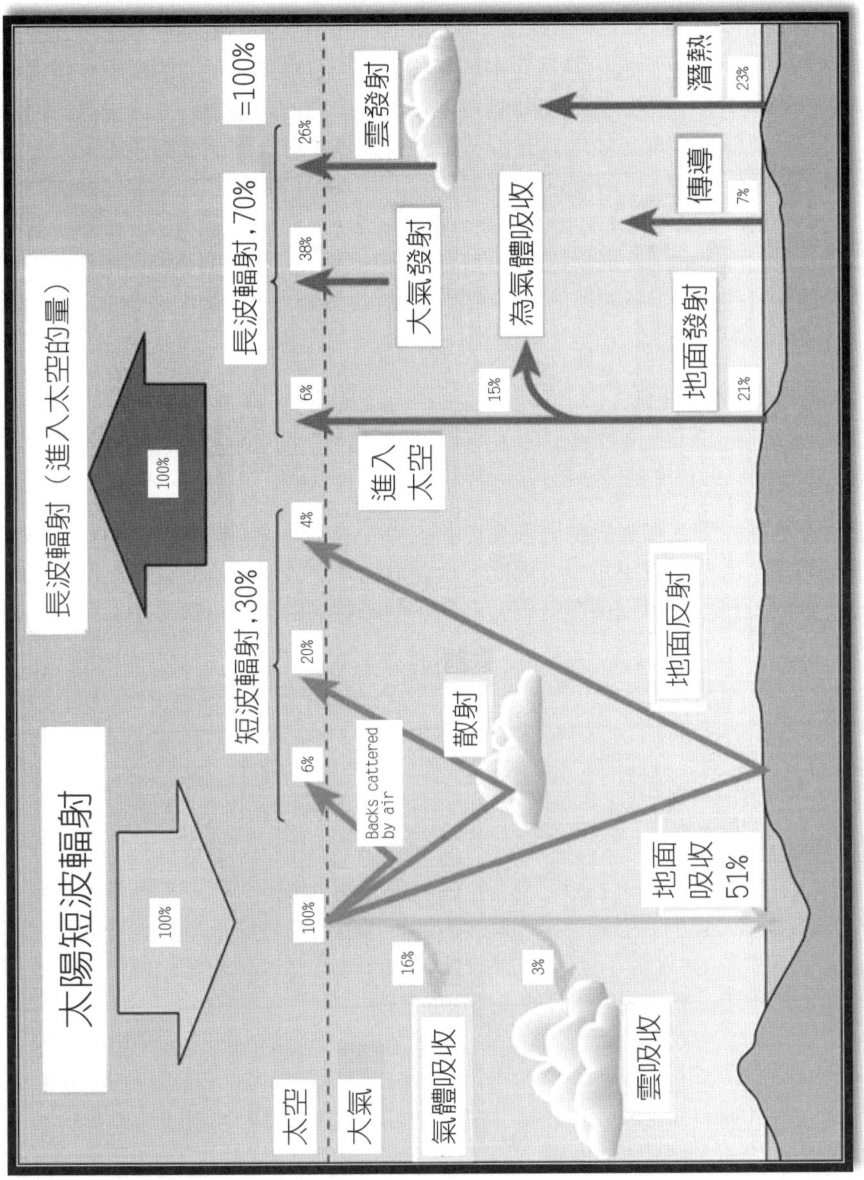

圖 2.32　大氣的能量收支圖

2. **輻射與溫度變化**

(1) 季節變化

地球環繞太陽公轉的軌道為一橢圓形（圖 2.33），其中近日點至太陽的距離為 1.471×10^8 km，遠日點至太陽距離為 1.521×10^8 km，照理說在近日點處應比在遠日點處受熱更多；但反而近日點為北半球的冬天，遠日點為北半球的夏天，這個現象與四季的形成有關。因為地球自轉軸與地球公轉平面（黃道面）並非垂直，而為 $66.5°$ 交角。此傾斜角度，使地球在每一緯度受太陽照射，即晝夜的長短不一。例如，在夏至時（6 月 22 日），赤道處日夜各為 12 小時；$30°N$ 處白天為 13.9 小時；在 $66.5°N$ 以北之極圈內為永晝。冬至時（12 月 22 日），以上日夜長短顛倒。假設自轉軸與黃道面垂直，則太陽永遠直射赤道，地球上不論何處、何季節都應接收同樣輻射，因而沒有四季。上述原理使日照時間長短因緯度而異，形成地球四季規律的變化。

(2) 南北方向熱能平衡

一般而言，溫度往極區遞減。因為同樣強度的輻射，照在高緯度時的面積較在低緯度時的大，因此低緯度地區每單位面積接收較多的太陽輻射。

低緯度地區因受太陽照射時間較長，形成能量過剩區；高緯度地區因受太陽照射時間則較短，形成能量不足區。因此，低緯度地區是大氣能量的主要來源，大氣藉運動不斷將低緯與高緯地區空氣混合，使它們藉熱的對流作用最終達於平衡（圖 2.34）。

小博士解說

四季變化的成因：

地球除了會自轉外，也以逆時鐘方向環繞太陽公轉，環繞一周的時間為一年。地球環繞太陽公轉的軌道稱為黃道面，由於地球的自轉軸與黃道面並非垂直，與黃道面夾角為 66.5 度，使得大部分地區在一年當中會有太陽照射角度的不同或照射時間長短的差異，這便是四季變化的成因。

在北半球，夏至時太陽直射北回歸線，在冬至時太陽直射南回歸線，春分及秋分則直射赤道。由於直射位置的改變，造成晝夜長短的不同，例如台灣在夏天時，白天比夜晚長，冬天時則相反。因各地日照時間的長短會隨緯度變化有差異，而形成了地球四季規律運作。

046

季節變化

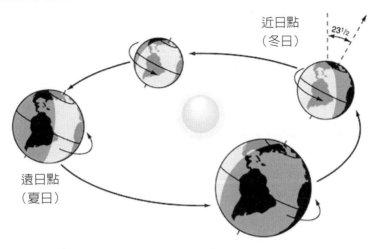

近日點
（冬日）

23¹/₂

遠日點
（夏日）

圖 2.33　地球自轉軸與黃道面呈 66.5° 交角，使太陽照長短不一，產生四季變化

南北方向熱能平衡

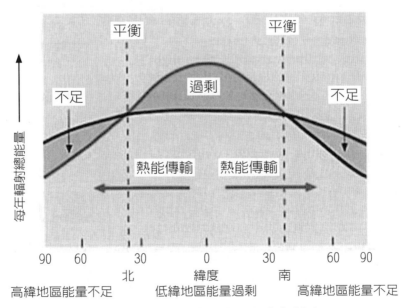

平衡　　　　　　平衡

不足　　　過剩　　　不足

熱能傳輸　　熱能傳輸

每年輻射總能量

90　60　　30　　0　　30　　60　90
　　　北　　　　緯度　　　南
高緯地區能量不足　低緯地區能量過剩　高緯地區能量不足

圖 2.34　地表南北熱能平衡產生對流

Unit **2-3**
大氣的溫度

　　大氣的溫度簡稱為氣溫，它是衡量空氣冷熱程度的物理量，會隨著高度或緯度的增加而遞減，也會隨著季節變化而改變。大氣的熱量主要來自地面，而地面的性質和狀況對大氣溫度的影響也各有不同。

一、大氣的溫度變化

1. 每日氣溫變化

　　天氣預報中所說的氣溫，是指在野外空氣流通、不受太陽直射下測得的空氣溫度（一般係由百葉箱中的溫度表或溫度計所測得）。最高氣溫是一日內氣溫的最高值，一般出現在 14～15℃ 時，最低氣溫是一日內氣溫的最低值，一般出現在早晨 5～6℃ 時（圖 2.35）。

2. 四季氣溫變化

　　前述因地球自轉軸與地球公轉平面（黃道面）非垂直，而為 66.5° 交角，使地球在每一地方所受日照時間因緯度有差異，而形成地球四季規律的變化。

　　在 5 月、6 月與 7 月間，因為北半球面向太陽（圖 2.36），而受到更多陽光的直射。同樣情形發生在南半球的 11 月、12 月與 1 月間。但由於季節的滯後，北半球最熱的月份發生在 6 月、7 月與 8 月，南半球最熱的月份則發生在 12 月、1 月與 2 月。圖 2.36 為加拿大紐芬蘭一處四季的氣溫變化，最熱的月份發生在 8 月，最冷的月份發生在 2 月。

小博士解說

每日氣溫變化與四季氣溫變化：

圖 2.35 顯示每日氣溫變化。每日清晨的溫度最低，主要是因為入夜後地面釋出熱能，所以入夜到清晨，溫度逐漸降低，直到日出氣溫才開始回升。每日最高溫約在午後 2～3 時，因為正午時雖然陽光直射地面，但由於地面受熱後一段時間，才將熱完全傳到空氣裡，所以最高溫度要延遲到午後 2～3 時。

同理也可應用於四季氣溫變化，因為地表受熱大氣吸收熱能的延滯，產生季節的滯後，每年最熱與最冷的月份也往後延滯，一般最熱發生在 6 ～ 8 月，最冷發生在 12 ～ 2 月，如圖 2.36 所示。台灣最熱的月份通常在 8 月，最冷的月份往往在 2 月。

每日氣溫變化

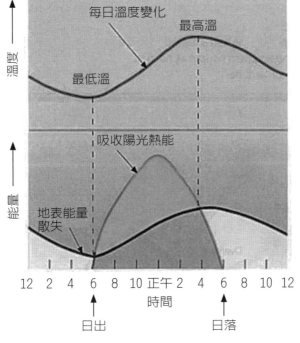

圖 2.35　每日氣溫變化

四季氣溫變化

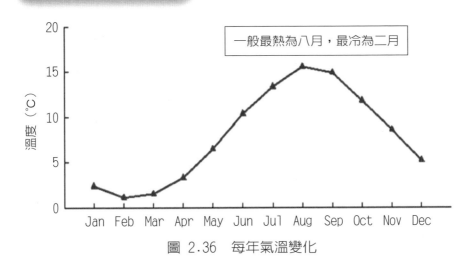

圖 2.36　每年氣溫變化

3. 氣溫隨高度變化

氣溫遞減率（Lapse Rate）：氣塊上升時，外界氣壓逐漸降低，氣塊因體積膨脹、作功消耗內能而降溫，因此溫度隨高度遞減，符合氣溫遞減率。唯此遞減率又有乾絕熱遞減率與濕絕熱遞減率之分別，但濕空氣中因水分子釋放液化潛熱參與熱量交換，故遞減率有較緩現象。

(1) **乾絕熱遞減率**：是指乾空氣上升，在流體靜力平衡狀態下，其溫度隨高度增加而遞減，其遞減率為 10℃/1 km，如圖 2.27 所示。

(2) **濕絕熱遞減率**：是指濕空氣上升，在流體靜力平衡狀態下，其溫度隨高度增加而遞減，其遞減率一般為 6℃/1 km，如圖 2.28 所示。

4. 氣溫隨地形變化

山谷底部在多季常有逆溫現象，多季高坡上的冷空氣較重，容易沈降聚積在谷底，使谷底氣溫較上部坡地為低（圖 2.37）。如溫帶山地的農園多分布在向陽山坡而不在谷底，主要就是為了避免逆溫造成的霜害（圖 2.38）。

一些城市建於山谷或盆地，例如科羅拉多州的丹佛市（圖 2.39），是因為山谷處空氣較冷，上空有從陸地來的較暖空氣，造成溫暖的逆轉層，使污染空氣停滯在山谷中（圖 2.39）。

5. 都市熱島效應

都市市區內的氣溫通常比郊區高出攝氏數度（圖 2.40），這種現象在一般城市尤其明顯。夏日在一些城市的市中心總是異常酷熱，即使夜裡也感覺如此。這種都市市區氣溫較郊區為高，一般高出 3～4℃ 的現象，就稱為都市熱島效應。以下是造成這個效應的幾個因素：

(1) 市區較郊區草地、樹木少，使直接增溫的能量增多，因此市區氣溫較郊區為高。

(2) 市區內建築物較多，增加吸收長、短波輻射的表面積較大。

(3) 市區內汽車、冷氣機排放廢氣較多，提供更多的熱量來源。

(4) 市區內空氣污染較嚴重，溫室氣體增多。

由於都市市區氣溫比周遭環境溫度來得高，較易形成熱空氣上升、冷空氣下降情形，因此在都市市區發生雷雨頻率較郊區為高。

氣溫隨高度變化

氣塊上升時，因體積膨脹、作功消耗內能，溫度隨高度遞減，並遵守絕熱遞減率。

⟹

氣溫隨高度變化
① 乾絕熱遞減率：±10℃/1 km
② 濕絕熱遞減率：± 6℃/1 km

氣溫隨地形變化

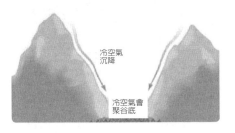

圖 2.37　氣溫隨地形變化

圖 2.38　溫帶山地的農園多分布在向陽山坡，避免霜害

都市熱島效應

圖 2.39　污染空氣停滯在山谷中

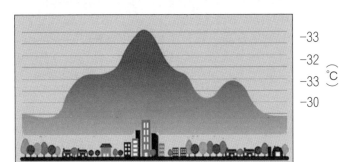

郊區　住宅區　　市中心　　公園　住宅區　農田

圖 2.40　都市熱島效應

6. 聖嬰與反聖嬰氣溫變化

(1) 聖嬰：

聖嬰一詞源自西班牙文（El Niño），意為「神之子」，是指赤道附近太平洋海水水溫周期性的變暖現象（圖 2.41），並導致全球各地的氣候異常。聖嬰現象大約每兩至七年發生 1 次，其生命週期歷經發展、成熟到衰退等期，前後可達一年半到兩年之久。赤道太平洋營養貧乏的表面洋流往東流動，取代了表面較冷、營養豐富的海水（圖 2.42）；因為這種氣候發生的條件多半在近聖誕節時，故稱之為聖嬰（圖 2.43為非聖嬰年，太平洋海水運作之正常機制）。

當聖嬰現象發生時，赤道附近太平洋表面海水的水溫異常，平均水溫比正常時期高出 1～3℃，如圖 2.41 所示。

(2) 反聖嬰：

反聖嬰（西班牙文為 La Niña），係為聖嬰之相對詞，指赤道附近太平洋水溫周期性異常下降的現象，並導致全球各地的氣候異常。在聖嬰事件過後通常貿易風會回歸正常；但如果貿易風過分強烈，則上述聖嬰機制反向運作，冷的海水向太平洋中部與東部移動；這個使海水變得較冷的運作機制時間通常為 9 ～ 12 個月，有時持續兩年。例如 2008 年 1 月中～2 月初中國大陸華中、湖南等地區出現五十年來罕見的暴風雪（圖 2.44）。

052

小博士解說

聖嬰與氣候變化：

聖嬰，指赤道附近東太平洋水溫變暖的現象所導致的氣候異常。在正常機制下，北半球赤道附近吹東北信風，信風帶動海水自東向西流動，形成北赤道洋流。在祕魯外海的海流是冷的，因營養豐富的湧升流從深處被帶到表面，造成大魚場（圖 2.43）。在赤道太平洋西部的海水是熱的，使海水較熱並帶來高降雨量。當聖嬰事件發生時，信風減弱甚至反向吹（由西向東吹），上述正常機制改變，使在祕魯沿岸冷的表面海流被貧瘠熱水取代，魚類因而大量死亡（圖 2.42）。印尼附近海水面下降，但太平洋東部海水面上升。聖嬰影響全球氣候變化，有些地方因缺雨而成乾旱，有些地方因多雨而造成洪水，例如 1997～1998 年聖嬰曾造成長江流域水災並數十萬戶房屋受損，2014～2016 年聖嬰也使西北太平洋颱風頻繁。

聖嬰與反聖嬰

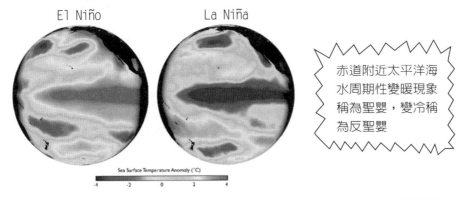

El Niño   La Niña

Sea Surface Temperature Anomaly (°C)

赤道附近太平洋海水周期性變暖現象稱為聖嬰，變冷稱為反聖嬰

圖 2.41　當聖嬰現象發生時，赤道附近太平洋表面海水的水溫異常，平均水溫比正常時期高出 1～3℃，反聖嬰現象則使赤道附近太平洋表面海水變得較冷

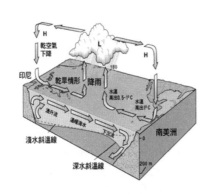

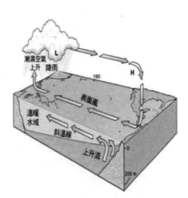

圖 2.42　聖嬰——太平洋表面洋流往東流動

圖 2.43　非聖嬰年——太平洋海水運作之正常機制

圖 2.44　2008 年 1 月中～ 2 月華中、湖南等地區出現罕見暴風雪，可能是反聖嬰引起的

二、風寒效應

　　所謂**風寒效應**（Wind-chill Effect），是指人在同樣氣溫（溫度計的測量值）但是不同風速環境中，「感受」的溫度不同（圖 2.45）。人體感覺氣溫的高低，其實是感覺到皮膚的溫度，當有風吹時，皮膚表面的熱空氣將被吹走，使人體暴露在外界的溫度中，這時人體必須要消耗更多能量，導致皮膚表面不斷地產生新的熱空氣，當這過程一直發生時，皮膚的溫度將降低，並使人覺得更冷。可見，除了氣溫外，熱量的流失也取決於其他氣象條件，包括風速、濕度和太陽輻射等。空氣流動可以加速身體的熱量流失。風越大，被帶走的熱量則越多，人亦感覺更寒冷。例如，冬天騎機車，車速如果增加，就會感到特別冷，這就是風寒效應。因此在北美或北歐地區，秋冬季節新聞氣象預報時，除了播報氣溫外，還須播報風速以計算風寒效應（圖 2.45），主要是爲了提醒民眾採取適當的禦寒措施。

小博士解說

體感溫度：

體感溫度（Felt Air Temperature），是指人體感受空氣的溫度，與實際環境的溫度不同。通常氣象新聞播報之溫度，是指百葉箱中溫度計所觀測溫度，但因人體感覺溫度還受到濕度與風速的影響，使人感覺的溫度與實際有分別，體感溫度又稱表觀溫度（Apparent Temperature）。

影響體感溫度的有氣溫、濕度和風速三個因素，一般氣溫太高或太低，人體會自動調整身體機能以適應環境，但此機制受到濕度和風速的影響。當天氣炎熱，人體藉排汗達到降溫目的，此時若濕度高，會阻礙排汗功能，因空氣中的水蒸氣已接近飽和不易蒸發；若風速大，則有助於人體周遭熱對流，並加快排汗蒸發，提高了人體散熱效率。反之，當天氣寒冷，風和高濕度會帶走體熱使身體感覺更冷。濕度和溫度關係請見第三章熱指數表，風和溫度關係請見本節風寒效應。

風速和濕度常常影響體感溫度，濕度、風速大時，體感溫度可能遠不同於實際氣溫。因此，人們關注天氣預報時，不僅要注意氣溫的高低，還需要考慮空氣濕度和風速的大小，才能作適宜的冷暖穿著。

對於體感溫度的定義目前國際並無標準計算方法，概述而言，溫度太低時，風寒效應指數適用於該溫度的體感溫度計算，溫度太高時，熱指數適用於體感溫度計算。例如美國在夏季提供熱指數，冬季則提供風寒指數資訊給民眾參考。澳洲則是不分季節，提供體感溫度作爲常規性氣溫以外的溫度指數給民眾參考。雖然各國作法不同，其目的都是爲了提醒民眾，暴露在酷熱及寒冷的天氣下，應有相對應的防護措施。

風寒效應

圖 2.45　風寒效應實例

知識補充站

風寒效應對登山者的影響：

登山者要考慮風寒效應可能造成的失溫傷害，登山者在平地出發時儘管在常溫下身體狀況良好，但是登山後，在山區的低溫環境下活動，風寒效應就可能對人體造成傷害。因為在低溫環境下，風會將熱能帶出體外，使皮膚表層溫度下降，導致體內溫度隨之下降。風速越高，體溫下降就越快。如果風雨交加，則水寒效應也會產生作用。水寒效應是指當身體潮濕時，身體散失體熱的速度是乾燥時的 25 倍，因此造成身體失溫的情況。

台灣位於亞熱帶地區，平常的生活中，所感受的溫度在大部分時間與實際儀器測量的氣溫相差不大，並沒有特別強調風寒效應，但對於喜歡登山的人來說，卻不容輕忽。在登山前，不僅要注意天氣報告預測的溫度，還要預估山上的情況，以判斷所需的禦寒裝備。

1971 年的奇萊山山難事件，便是因風寒效應造成的悲劇。1971 年 7 月下旬清華大學 6 名與台大 1 名學生登奇萊山，途中因疏忽氣象預報，在奇萊山遭遇颱風暴雨，風寒效應與水寒效應使體溫驟降，在奔回奇萊山莊求救途中，5 名學生因失溫體力不支死亡，2 名學生獲救。

圖解氣候與環境變遷

　　對於風寒效應，精確的描述是指加拿大學者在 2001 年時提出的**風寒效應指數**（Wind Chill Index），如圖 2.46 之風寒等效溫度圖表。

　　雖然使用溫度的單位仍是 ℃ 或 ℉，但此播報數字不是溫度，而是人對環境感覺的描述。以圖 2.46 為例，若氣溫為 9℃，騎單車 20 km/h 速度上班，迎向 30 km/h 風速（二者合計 50 km/h），則根據風寒效應計算實際感覺溫度為 4℃，如圖中所示。

　　一般來說，溫暖的皮膚忽然來到寒風中，風寒效應若在 −25℃ 以下，長時間的暴露將造成**凍傷**（Frostbite）；若在 −35℃ 以下，10 分鐘內將會造成凍傷；若在 −60℃ 以下，2 分鐘內將會造成凍傷，若皮膚本來就是冷的，則凍傷將更快發生；除了凍傷，**失溫**（Hypothermia）也與風寒效應有密切的相關。通常最外層的衣物可以提供**防風**（Wind Proof）的功能，利用高密度織物、雙層貼合或是薄膜塗布的方式達到保溫的效果。

　　問題：冬天街頭流浪漢藉填塞報紙取暖是否有效？

　　討論：冬天街頭流浪漢不夠衣物保暖，以廢棄報紙充填於衣物間，取得保暖效果，其原理與風寒效應有關。

小博士解說

風寒效應指數：

係根據風寒效應所訂出的指數，表示人類對低溫和風的一種感覺程度，美加地區冬季寒冷且常受冬季風暴（溫帶氣旋）吹襲，因此風寒效應特別明顯。科學家於是透過實驗制定風寒效應指數。又於 2001 年重新研訂新的風寒指數表和計算公式。

經驗公式：

風速在 5 到 100 km/h，且溫度在 −50 到 5℃ 之間的風寒效應指數計算式：

$$W = 13.12 + 0.6215 \times T_{air} - 11.37 \times V_{10m}^{0.16} + 0.3965 \times T_{air} \times V_{10m}^{0.16}$$

其中：

W：為風寒效應指數（Wind Chill Index, ℃）。

T_{air}：為地表氣溫（℃）。

V_{10m}：為 10 m 高（標準風速計高）的風速（km/h）。

風寒等效溫度圖表

溫度

°C	10	9	8	7	6	5	4	3	2	1	0	−1	−2	−3	−4
5	9.8	8.6	7.5	6.4	5.2	4.1	2.9	1.8	0.7	−0.5	−1.6	−2.7	−3.9	−5.0	−6.1
10	8.6	7.4	6.2	5.1	3.9	2.7	1.5	0.3	−0.9	−2.1	−3.3	−4.5	−5.7	−6.9	−8.1
15	7.9	6.7	5.4	4.2	3.0	1.7	0.5	−0.7	−2.0	−3.2	−4.4	−5.6	−6.9	−8.1	−9.3
20	7.4	6.1	4.9	3.6	2.3	1.1	−0.2	−1.5	−2.7	−4.0	−5.2	−6.5	−7.8	−9.0	−10.3
25	6.9	5.7	4.4	3.1	1.8	0.5	−0.8	−2.1	−3.3	−4.6	−5.9	−7.2	−8.5	−9.8	−11.1
30	6.6	5.3	4.0	2.7	1.4	0.1	−1.3	−2.6	−3.9	−5.2	−6.5	−7.8	−9.1	−10.4	−11.7
35	6.3	4.9	3.6	2.3	1.0	−0.4	−1.7	−3.0	−4.3	−5.6	−7.0	−8.3	−9.6	−10.9	−12.2
40	6.0	4.6	3.3	2.0	0.6	−0.7	−2.0	−3.4	−4.7	−6.1	−7.4	−8.7	−10.1	−11.4	−12.7
45	5.7	4.4	3.0	1.7	0.3	−1.0	−2.4	−3.7	−5.1	−6.4	−7.8	−9.1	−10.5	−11.8	−13.2
50	5.5	4.1	2.8	1.4	0.0	−1.3	−2.7	−4.1	−5.4	−6.8	−8.1	−9.5	−10.9	−12.2	−13.6

公里／小時

風速

(a) 風寒等效溫度表

$$W = 13.12 + 0.6215 \times T_{air} - 11.37 \times V_{10m}^{0.16} + 0.3965 \times T_{air} \times V_{10m}^{0.16}$$

(b) 經驗公式

圖 2.46　風寒等效溫度圖表與經驗公式

三、溫度與人體健康

溫度與人體健康息息相關，過熱或過冷都對人體有害並且損及健康，茲介紹熱浪與驟寒對健康的損害。

1. 熱浪疾病

儘管高溫導致的死亡事故和疾病是可以預防的，但每年還是有許多人死於高溫天氣。從 1979 年到 1999 年，美國地區由於高溫天氣導致的直接死亡人數達 8,015 人。在這期間，美國死於熱浪的人數比死於颶風、雷電、龍捲風、洪水和地震人數的總和還要多，僅在 2001 年就有 300 人死於熱浪的襲擊。

當身體在熱浪中無法進行均衡調節並適當降溫時，就會導致與高溫相關的疾病。身體通常可透過排汗達到降溫目的。但在某些環境下，僅僅出汗是不夠的。發病時，人體的溫度迅速升高，體溫過高可能會損害大腦或其他重要器官。

以下是幾個與熱浪有關的疾病：

(1) 中暑（Heat Stroke）：中暑時，身體無法對其溫度進行自我調節。出現的症狀是體溫急速上升、排汗功能失效、身體無法自行降溫，此時的體溫可能在 10 到 15 分鐘內上升到 40℃ 或更高。如果不及時提供急救措施，中暑可能導致死亡或終身殘疾（圖 2.47）。

(2) 熱衰竭（Heatexhaustion）：熱衰竭是一種輕度的熱疾病，有可能是連續幾天置身於高溫環境下和水分補充不足或失衡時引發的。它是身體在流失大量水分及汗液中鹽分時所產生的反應（圖 2.48）。最容易患熱衰竭的是中老年人、患高血壓，以及在高溫環境下工作或運動的人群。

小博士解說

排汗與身體健康：

我們知道，身體的新陳代謝與健康息息相關，代謝方式之一便是排汗。人體表面可藉由汗水蒸發帶走體熱，以達到降溫目的。排汗還是重要的排毒代謝管道，人體汗腺負責部分代謝功能，並有「第二腎臟」之稱，因此要顧好身體代謝系統，就不能忽略排汗。現代人習慣待在室內，依賴空調，導致汗腺未能充分發揮功能，甚至因此退化，原本該透過汗腺排出體內的代謝物質、重金屬等毒素，卻累積於體內影響代謝。醫生建議的健康祕訣之一，是每週至少作三次運動，直到出汗為止。常作熱水浴，亦可提升汗腺功能。此外在天氣不太炎熱時，考慮停用冷氣，而使用電風扇，除了節省電力，藉吹出的風引動空氣對流，讓汗水蒸發、降低體溫，也可增進身體排汗功能。

溫度與人體健康

熱浪疾病：當身體在熱浪中無法進行均衡調節並適當降溫時，就會導致
　　　　　　與高溫相關的疾病
驟寒疾病：氣溫驟降使血管收縮，容易導致腦血管破裂；也易引發心血
　　　　　　管疾病，如冠心病等

中暑：身體無法對溫度進行自我調節

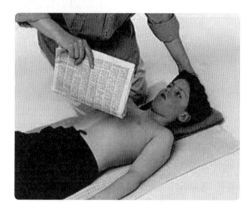

圖 2.47　中暑者的急救：散熱使患者體溫下降

熱衰竭：身體在流失大量水分及汗液中鹽分時所產生的反應

圖 2.48　患熱衰竭時須補充大量水分

(3) **熱痙攣**（Heat Cramps）：熱痙攣通常發生於那些進行劇烈活動時出汗過量的人群（圖 2.49）。出汗將使體內的鹽和水分虧空，肌肉缺少鹽分時會引起疼痛的抽筋症狀。熱痙攣也可能是熱衰竭的一個症狀。

(4) **曬傷**：應該避免在太陽下曝曬，否則會損害皮膚，許多嚴重曬傷的情況也需要醫療救護。

2. 驟寒疾病

(1) 腦血管疾病：

氣溫驟降會使血管收縮、血壓升高，容易導致腦血管破裂出血。寒冷氣溫還會使血液中的凝血因子含量增多，引起腦血栓形成。此外，秋冬季天氣乾燥，人體中的水分相對不足，血液濃縮，黏稠度增加，容易引起腦血栓形成。臨床統計顯示，溫度越低，血壓越高，腦栓塞、腦出血的發病率就越高。秋冬季節，氣候變化多端，中老年人對氣候變化的適應力差，感覺遲鈍，故中風的發生率較平時增多 50%。

(2) 心血管疾病：

入秋以後，醫院的冠心病患者驟然增多，其中老年人占多數。其中一個主要原因與氣溫變化有關。心血管功能對氣溫變化很敏感，氣溫的驟升或驟降，極易誘發心血管疾病。如不及時治療，動脈粥樣硬化就會加重，導致心絞痛，甚至心肌梗塞。如果長期心肌缺血，容易導致心肌收縮力降低，心室產生重構，甚至引發心力衰竭。

小博士解說

心血管與腦血管的保養：

近年來國內十大死因前三名，依序為惡性腫瘤、心臟疾病、腦血管疾病。其中心臟疾病與腦血管疾病均與本節所述之氣溫驟降有關。天氣轉寒，是心血管疾病的好發時節，在寒冷的狀態下，血管會跟著收縮，造成心臟疾病，血壓也容易上升，讓原本就有腦血管硬化的病患，增加腦中風的機率。

所以，天氣驟降時，患者要做好保養工作，例如：

(1) 增添衣物：特別是重要部位的保暖，避免血管暴露在冷空氣中。

(2) 適度的運動：增進新陳代謝及血液循環，以保持肌肉與血管彈性，但也要保持運動適度並避免低溫環境。

(3) 飲食均衡：多攝取不飽和脂肪酸食物，以降低血管阻塞機率。

熱痙攣

熱痙攣：通常發生於進行劇烈活動出汗過量的人群

圖 2.49　因肌肉缺少鹽分而引起的熱痙攣症狀

知識補充站

比賽中的運動型熱病：

在高強或長時間的比賽中，運動型熱病常常會影響到運動員，導致運動員終止運動，這些疾病包括運動性肌肉痙攣、熱衰竭和運動型中暑等。以下是運動型熱病的一個實例：

2014 年 NBA 決賽，第一場在馬刺主場開打，卻戲劇性的發生球場冷氣故障，現場溫度飆升到 31℃，不僅場邊觀眾頻頻搧風，就連球員也不斷利用冰袋讓自己降溫。就在球賽最緊要關頭，離終場約 4 分鐘，熱火隊主將詹姆斯左腿突然抽筋，被迫中止比賽，熱火全隊也因此陷入苦戰並致落敗。詹姆斯身體素質雖然良好，但也無法避免因用力過猛、疲勞以及大量的水分和電解質流失導致肌肉痙攣的發生。由於顧及到詹姆斯的體型與 NBA 決賽的運動量，以及熱痙攣所帶來的影響和疼痛，因此他不得不被抬下場而中止比賽。

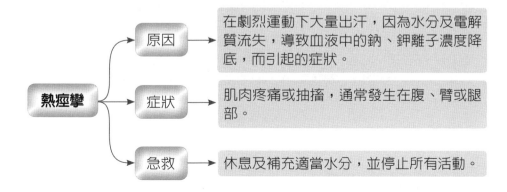

熱痙攣	原因	在劇烈運動下大量出汗，因為水分及電解質流失，導致血液中的鈉、鉀離子濃度降底，而引起的症狀。
	症狀	肌肉疼痛或抽搐，通常發生在腹、臂或腿部。
	急救	休息及補充適當水分，並停止所有活動。

四、溫度與農業

溫度不僅影響人體健康，溫度異常也會影響農作物的生長，必要時農夫需要作一些保護措施，特別是在寒冷的夜晚，許多農作物遭受嚴重的低溫寒凍災害，低溫寒凍天氣對農業生產能造成較大的影響。

為保護果樹與農作物，下列是農家常採用的幾種保護方式（D. Ahrens, 2004）：

1. 塑料遮蓋

鋪上一層保護物如塑膠蓋等，如同保護膜使農作物不受寒凍傷害（圖 2.50、圖 2.51）。

2. 提供熱氣

使用**果園加熱器**（Orchard Heater），在果園內每隔等間隔距離設置加熱器，使果園內的溫度升高以保護果園（圖 2.52）。

3. 攪拌空氣

使用風力機，混和地表冷空氣與其上方較暖的空氣，這是因地面散熱較快而較冷，低空的空氣較地表溫暖，使用風力機攪拌空氣可調節溫度（圖 2.53）。

4. 以冰覆蓋作物

在溫帶地區使用果樹噴灑系統，當地面溫度低於零度時，可噴灑水蒸氣使其表面結成薄冰以保護作物（圖 2.54），這就是應用前面所述：「冰是傳導冷熱的不良導體」最佳例證。果樹表面結冰形成保護膜，可將冷氣隔絕於薄冰外。

小博士解說

溫度異常與各種產業防護：
溫度異常所帶來的影響是多方面的，許多產業如農業、養殖漁業、養畜禽業等，都須考慮溫度異常可能帶來的傷害。作預先的防範減少損失，也都各有其不同因應措施。
上述保護果樹與農作物的方式僅提供一般性的原則，果樹噴灑系統，適用於溫帶地區，例如塑料遮蓋，可能應用於樹幹、果實、表土等部位各有差異，養殖漁業、畜牧業等防護，也都有其產業因應的差異性。

溫度與農業

溫度異常會影響農作物生長，農夫常作一些保護措施，以避免低溫寒凍災害，如下所示：

常見保護果樹及作物方法

圖 2.50　作物鋪上塑膠蓋以防寒

圖 2.51　蔬菜鋪上地膜蓋以防寒

圖 2.52　使用果園加熱器

圖 2.53　使用風力機攪拌空氣，使地表冷空氣與其上方較暖的空氣混和

◀圖 2.54　寒冬時噴灑水蒸氣與農作物表面，形成薄冰層以保護作物

第 **3** 章

認識大氣（二）

Unit **3-1**
大氣中的水

本章中我們繼續來介紹對大氣的認識，包括大氣中的水、大氣的運動、大氣的環流等範圍，盼藉此建立對大氣正確的概念，作為以後各章討論氣候與環境變遷的理論根據。

一、水的獨特性

許多自然災害都離不開水的禍害，例如：辛樂克颱風（圖 3.1）、莫拉克風災（八八水災），為什麼呢？這是因為水的獨特性。

水有許多奇特之處，例如：

(1) 水是地球上唯一三相（固相、液相、氣相）在自然中同時共存的物質。
(2) 水的熱容量大，1 卡的熱可使 1 公克的水提高 1℃，因此海洋、湖泊都有調節氣溫的作用。此外水在相位變化間吸收或釋放的潛熱大。
(3) 在大氣中，水藉著相位的變化，吸收或釋放相當大潛熱，是大氣運動所需能量的主要來源。
(4) 水在 4℃ 時，體積最小、密度最大。當水凝結成冰時，密度變小為 0.91g/cm^3（純水密度為 1/cm^3），冰因此浮在水面。冰的隔熱效果好，冰層下方的水族在冬日得以生存下來，這點在第二章湖面結冰一節曾有解釋。

小博士解說

水的重要性：
生物生存除需陽光、空氣外，水是其他生物所需物質中最重要的，這是由於水的特性，例如上述水的比熱大、潛熱高、密度分布奇特等，此外水尚有以下幾個特點，使它成為生物生存所需。

(1) 水的溶解能力高：水是一種優良的溶劑，因為生物體內的各種反應，都必須在水中進行，所以沒有水就沒有生命。此外，生物體液內各種化學反應須維持一定的酸鹼值，這有賴於水中電解質的酸鹼平衡，故人體內需要維持約 70% 以上的水，當人體缺水超過 10% 以上時就可能致病。
(2) 水的溶氧特性：所有的生物均需氧氣維持代謝程序，水體中生物仰賴水中溶氧進行呼吸作用，因此水中含氧量的多寡對水中生物非常重要。

大氣中的水

水的獨特性 ➔
1. 唯一三相同時共存物質
2. 水的熱容量大
3. 水的相位變化間潛熱大
4. 水的密度在 4℃ 時最大
5. 水的固態型式（冰）隔熱效果好
6. 水的溶解能力高
7. 水的溶氧特性

圖 3.1　辛樂克颱風災後廬山溫泉風景的重創情形

因水的獨特性，自然災害常離不開水的禍害，例如，颱風帶來的災害：(1)強風、(2)焚風、(3)鹽風、(4)巨浪、(5)暴潮、(6)豪雨、(7)洪水、(8)山崩、土石流、(9)傳染病等

二、大氣中的水──濕度（露、霜）

1.濕度的概念

(1) 濕度的產生

一般在氣象學中所謂的空氣**濕度**（Humidity），是指空氣中水蒸氣的含量。濕度用來標示空氣中的水蒸氣含量，圖 3.2 解釋空氣中濕度的產生，從 ① 起始的真空狀態、② 液體開始蒸發，③ 接著空氣中蒸氣開始液化，④ 最後蒸發與液化兩者達到平衡，空氣中的水分子含量達到飽和，此時蒸氣壓稱爲飽和水蒸氣壓。

(2) 濕度與溫度

空氣中蒸氣含量以絕對濕度或相對濕度表示，絕對濕度是空氣中單位體積內水蒸氣的質量，相對濕度則是空氣中水蒸氣含量與空氣中濕度飽和時水蒸氣含量的比值，通常以百分比表示。濕度 60% 的意義，指空氣中單位體積所含水蒸氣的質量，是相同溫度下濕度飽和所含水蒸氣質量的 60%。由於飽和時水蒸氣含量和溫度有關，未飽和的空氣在降溫後可以達到飽和。空氣飽和時的溫度稱爲**露點**（Dew Point），圖 3.3 說明，當溫度下降時相對濕度逐漸增大，最終達到飽和（露點），相對濕度公式如下：

$$相對濕度 = 100\% \times 水蒸氣壓 / 飽和水蒸氣壓$$

在氣象學中，濕度是決定蒸發的重要數據，它對各種氣象產生決定性作用。大氣中的水蒸氣在水循環過程中是必不可少的，水藉由水蒸氣可以很快地在地球表面運動。水在大氣中形成降水、雲、霧和其他現象，它們決定了地表的氣象和氣候。

小博士解說

濕度的意義：

濕度指的是空氣中水蒸氣的含量，它與各種氣象的產生如雲、霧、露、降水等均有關，我們在此更詳細解釋濕度的意義。雲、霧、露、降水等之形成，都需要經過一個過程，使空氣中的水蒸氣達到飽和，多餘的水蒸氣則凝結成小水滴，因而產生雲、霧、露、降水等各種氣象。

使空氣中水蒸氣達到飽和或過飽和的方式，不外乎是增加空氣中水蒸氣含量或降低溫度，圖 3.2 與圖 3.3 說明這兩種方式。圖 3.2 是第一種水蒸氣達飽和方式，顯示在一個密閉空間內，空氣中的相對濕度從起始的 0%（真空狀態）漸增，最終達於 100%（飽和狀態）。圖 3.3 是第二種水蒸氣達飽和方式，藉著降溫過程使空氣中的相對濕度增加，最終達於飽和。由此推論自然界大氣中水蒸氣達到飽和的方式，不外乎增加空氣中水蒸氣含量、降溫或二者同時發生。

圖解氣候與環境變遷

大氣的水——濕度

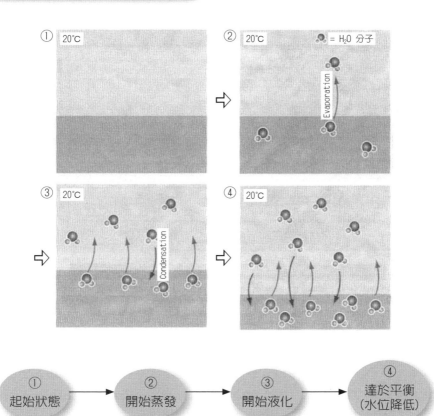

① 起始狀態 → ② 開始蒸發 → ③ 開始液化 → ④ 達於平衡（水位降低）

圖 3.2 空氣中濕度的產生

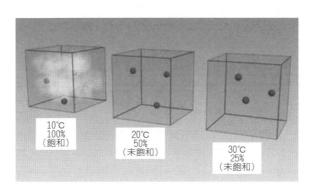

圖 3.3 濕度與溫度的關係圖（圖片取自 S. Ackerman, 2003）

2. 濕度與身體健康

濕度與身體健康有密切關係，我們知道身體藉排汗以達到降溫，但事實上並非排汗本身可以降溫，乃是藉汗水蒸發來帶走體熱。濕度高，表示空氣中水蒸氣壓高並接近飽和，因此人體蒸發速率降低，身體難以藉排汗達到降溫目的，一旦人體溫度升高，便要致病，因此人體對熱的感受，與溫度和濕度都有關。圖 3.4 是**熱指數表**（Heat Index Table），指人體在某一溫度和濕度下，實際感受到的溫度。從熱指數表可看出，濕度越高，人體感覺的溫度越高，在高溫下從事激烈戶外運動時，必須查考熱指數表，以判別在這樣的狀況下激烈戶外運動是否安全。以下是在高溫、高濕度下人體常得的疾病（在第二章已有作略述）。

(1) **中暑**（Heat Stroke）：中暑是因身體無法對其溫度進行自我調節，導致體溫急速上升，排汗功能失效，身體無法自行降溫。中暑者急救的措施是儘速使患者體溫下降，並取得醫療援助。

(2) **熱衰竭**：熱衰竭是在高溫環境下，身體流失大量水分及汗液中鹽分後所產生的反應。

(3) **熱痙攣**：熱痙攣發生於劇烈活動時出汗過量的人群，因肌肉缺少鹽分時所引起疼痛的抽筋症狀。

3. 露（Dew）**和霜**（Frost）

以上濕度觀念可應用於露和霜的形成過程，當空氣中水氣的相對濕度達到 100% 時，空氣中水分子凝結就會產生。氣溫如果降到露點以下，此時空氣中的水蒸氣壓高於飽和蒸氣壓，就發生霧化並開始結露。換言之，當氣溫降低，水的飽和蒸氣壓隨之降低，當飽和蒸氣壓低於空氣中的水蒸氣壓時（過飽和），水蒸氣就會在物體表面凝結成露。例如，在晴空夜晚，當溫度低於露點溫度，飽和水蒸氣在地面上形成露（圖 3.5）。如果露點溫度在 0℃ 以下，則水氣直接在接觸面上凝華為白色的冰晶，稱為霜（圖 3.6）。露和霜的形成必須具備晴朗的天氣和無風兩個條件，當夜間地面輻射冷卻迅速，近地面的空氣有足夠長的時間與冷地面接觸，使溫度降低，水蒸氣凝結。

小博士解說

熱指數表的意義：

熱指數表指出人體在溫濕環境下實際感覺溫度，它說明了高溫不僅是人體殺手，高濕度也是。人體是藉出汗達到降溫目的，藉汗水蒸發達到冷卻效果，如果排汗不能蒸發，身體便不能藉此調節體溫。當空氣中水蒸氣含量太高（即接近飽和），身體排汗的速率便減小。因此人體在潮濕環境下排汗減少而感覺較暖，在乾旱環境下排汗增加而感覺較冷。圖 3.4 的熱指數表指出熱指數與溫度及相對濕度關係，在高溫高濕度環境下的工作族群特別要留意熱指數表中的警示範圍。

濕度與身體健康

　　濕度高，表示空氣中水蒸氣壓很高並更接近飽和，故蒸發速率降低，身體無法藉排汗降溫以保持固定體溫，容易產生中暑、熱衰竭、熱痙攣等疾病。

溫度(°F)

相對濕度(%)	80	82	84	86	88	90	92	94	96	98	100	102	104	106	108	110
40	80	81	83	85	88	91	94	97	101	105	109	114	119	124	130	136
45	80	82	84	87	89	93	96	100	104	109	114	119	124	130	137	
50	81	83	85	88	91	95	99	103	108	113	118	124	131	137		
55	81	84	86	89	93	97	101	106	112	117	124	130	137			
60	82	84	88	91	95	100	105	110	116	123	129	137				
65	82	85	89	93	98	103	108	114	121	126	136					
70	83	86	90	95	100	105	112	119	126	134						
75	84	88	92	97	103	109	116	124	132							
80	84	89	94	100	106	113	121	129								
85	85	90	96	102	110	117	126	136								
90	86	91	98	105	113	122	131									
95	86	93	100	108	117	127										
100	87	95	103	112	121	132										

警示　　■ 小心　　■ 極端小心　　■ 危險　　■ 極端危險

圖 3.4　熱指數表

露與霜

圖 3.5　露

圖 3.6　霜

三、雲

1. 雲的形成

雲的形成與上述露和霜形成的原理相同，一旦空氣中的水氣凝結成小水滴，或進一步凝結成冰晶，就形成可見的雲。雲的形成有許多方式，其中最基本的原理是：使空氣飽和（水氣），甚至過飽和，因此其形成過程有下列因素：①增加水蒸氣含量，②降低溫度，③空氣中含有微小的凝結核，這三者必須同時具備，缺一不可。

(1) 雲形成的條件

雲的形成要有兩個基本的條件，即有充分的水蒸氣及使水蒸氣凝結的空氣冷卻，但有了大量的水蒸氣及空氣冷卻，水蒸氣還不能直接凝結成雲，因為還需另一條件，即促使水蒸氣凝結的凝結核。

單個水蒸氣分子相互合併的能力一般很小，它們相碰後往往又分開；即使聚合起來形成細小水滴，也因為水蒸氣分子很小，其形成的小水滴也很微小，容易迅速蒸發。因此要使水蒸氣發生凝結，還須具備使水蒸氣容易依附、聚集的凝結核。凝結核的功用，是使許多水蒸氣凝結成的水滴依附其上，使水滴能彼此聚合。凝結核的表面如果是曲面，需較多水蒸氣才能達到飽和（圖 3.7），可以吸附較多水滴，因此凝結核多半是一些微小粒子，例如鹽粒、煙粒、塵埃等，我們稱這些微小粒子為**凝結核**（Condensation Nuclei）。

凝結核顆粒很小，比起雲滴、雨滴都小得多。通常，雨滴半徑為 1 毫米，雲滴為百分之一毫米，而凝結核只有萬分之一至千分之一毫米，比人的髮絲還細。當充足的水蒸氣、使空氣冷卻的上升運動和凝結核這三個條件都具備時，雲即預備要形成。

(2) 凝結過程

水蒸氣本身是肉眼看不見的，我們所見的雲是由水滴或冰晶形成，小水滴形成需要有凝結核（圖 3.7）。凝結核的大小約 0.1~0.2 μm，一旦生成小水滴可以在數分之內形成大小約 2,000 μm 的雨滴，因此以體積而言，水滴可在數分鐘之內成長約 10^{12} 倍，凝結核、雲滴及雨滴三者大小比較可見於圖 3.8。

小博士解說

凝結核與雲的形成：

凝結核對雲的形成是非常重要的，通常空氣中的水蒸氣即使達到飽和，亦未必發生凝結，因為水蒸氣分子相互合併的能力通常很小，如果空氣非常純淨，沒有東西可以依附，聚成微粒的水滴，將很容易被蒸發。但空氣中如有微粒存在，水蒸氣分子便容易依附在微粒之上，形成水滴的能力就比水蒸氣分子合併強得多，形成的水滴也容易繼續增長。

雲的形成

充分的水蒸氣 ＋ 使水蒸氣凝結的空氣冷卻 ＋ 凝結核 → 雲形成

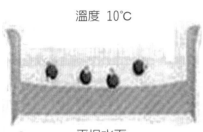

溫度　10℃

平坦水面

雲滴

圖 3.7　凝結核表面如果是曲面，需較多水氣量才能達到飽和，因此凝結核多半為一些微小的粒子，如煙粒、塵埃等，可吸附許多小水滴

073

雲滴、雨滴凝結過程

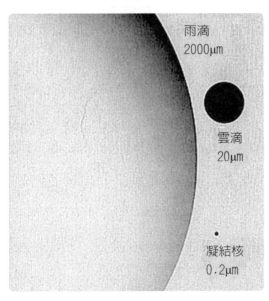

雨滴
2000μm

凝結核在合適條件下，可迅速成長為雲滴或雨滴

雲滴
20μm

凝結核
0.2μm

圖 3.8　凝結核、雲滴及雨滴三者大小比較圖（圖片取自 D. Ahrens，2004）

(3) 形成雲的上升運動

前述雲的形成條件之一，是要有能使水蒸氣凝結的空氣冷卻，這個機制是藉著能使水蒸氣被抬舉的上升運動，當一團有充分水蒸氣的空氣上升、膨脹、冷卻時，就形成雲。

常見使空氣上升的有以下幾種機制（圖 3.9）：

(a) 對流：

對流是液體或氣體熱能傳遞的主要方式之一，當地表經陽光照射受熱，近地表空氣受熱上升，體積膨脹並冷卻，在某一高度以上冷凝成雲（圖 3.10）。這個現象在夏季最明顯，常見夏季午後雷陣雨，便是由熱對流機制造成。

(b) 受山抬舉：

水平流動的濕空氣遇到山脈、丘陵地形受到阻擋，就會被迫上升，在迎風面的山麓形成雲。台灣多山，熱帶海洋氣團經山地受抬舉，容易在山麓一側成雲。

(c) 低層空氣輻合：

二氣團空氣在低層空**輻合**（Converge）受到空間的擠壓被迫抬升（圖 3.9 (c)），形成**地形雲**（Lenticular Cloud）。或氣團經山地受地形限制被抬升，形成如碟狀的地形雲，如圖 3.11 所示。

(d) 鋒面抬舉：

在冷暖氣團交界處，氣團因鋒面被抬舉，沿著鋒面在某一高度以上開始冷凝成各種雲族（圖 3.9 (d)）。

(4) 雲的形狀

雲的形狀千變萬化，與形成時大氣的條件有關，大氣的穩定度會影響雲的成長。雲按其形狀分類，主要分為三大類：纖細如髮的卷狀雲、成層相疊的層狀雲與堆積種種形狀的積狀雲。卷狀雲多發生於高處，分布較為分散，且不易帶來降水。低層或中層的雲，多呈積狀雲或層狀雲形狀，其形狀與形成時大氣的條件有關。

一般而言，大氣穩定時所產生的雲，多為層狀雲；大氣不穩定時所產生的雲，多為積狀雲（圖 3.12）。層狀雲是一種均勻一致的灰白色低雲，如層狀的雲，它的高度比卷狀雲還低。積狀雲的發展主要是由對流抬升所形成，因形成時大氣條件不一，故雲如堆積狀，積狀雲也因對流強弱之不同而形成各種不同形狀，雲體外型差別很大。

形成雲的上升運動

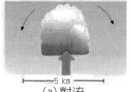
(a) 對流

(b) 受山抬舉

(c) 空氣輻合

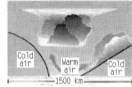
(d) 鋒面抬舉

◀ 圖 3.9　使空氣上升的四個主要因素：(a)對流、(b)受山抬舉、(c)低層空氣輻合、(d)鋒面抬舉（圖片取自 D. Ahrens, 2004）

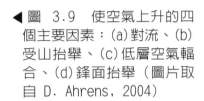

調節高度

◀ 圖 3.10　空氣因對流作用上升

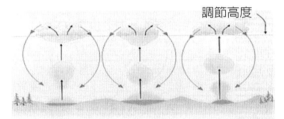

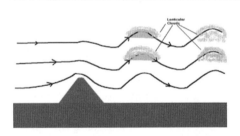

圖 3.11　低層空氣輻合：在山後面的地形雲

積狀雲

高度 (km)

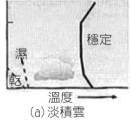
濕
乾
穩定
溫度
(a) 淡積雲

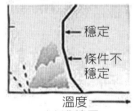
穩定
條件不穩定
溫度
(b) 濃積雲

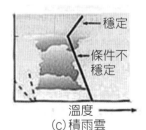
穩定
條件不穩定
溫度
(c) 積雨雲

圖 3.12　雲的形狀與形成時大氣的條件有關，如圖中 a、b、c 中所示為積狀雲各種條件與形狀（圖片取自 D. Ahrens, 2004）

2.雲的分類

　　根據以上所述，雲在不同大氣條件下產生不同形狀，我們習慣以形狀和高度將雲加以分類，以為辨識。最早將雲作分類是由 1803 年英國化學家霍華德（Luke Howard）所提出，為以後雲的分類工作奠定深厚的基礎。目前雲的分類概由世界氣候組織（WMO）所制定，其中所規定的高度、形狀分成四大雲族及十大標準雲屬，如下表所述（並參見圖 3.13）：

雲族	雲屬	說　　　　明
高雲族	卷雲 卷積雲 卷層雲	多發生於高處，分布較為分散
中雲族	高積雲 高層雲	高層雲通常能伸展到更高層
低雲族	層雲 層積雲 雨層雲	雨層雲雲體厚度大，通常雲底在低層而雲頂也可伸展到中、高雲層的層次
直展雲族	積雲 積雨雲	是一種體積龐大的雲，垂直伸展極高，可穿透各水平雲層，雲底在低雲層的範圍，雲頂可延伸至中雲族或高雲族的範圍

各種雲的出現高度與形狀見圖 3.13，各種雲的外型和特徵簡述如下：

(1) **卷雲**：其形顧名思義，是一種細緻而分散的雲，呈纖狀結構，形態不一，像羽毛、頭髮、亂絲，出現於最高空。

(2) **卷層雲**：是一種最高最薄的雲幕，出現於卷雲下方，形態不明確，像輕紗垂布天空。

(3) **卷積雲**：天氣冷時出現，底部好像魚鱗密布，漁民稱之為「魚鱗天」，可據此判斷天氣好壞。

(4) **高層雲**：高層雲是灰色或帶點藍色的層狀雲，大都掩蔽全天，給人有陰沈之感，當它轉變為雨層雲之前，常有疏落的雨滴降下。

(5) **高積雲**：形狀與排列與卷積雲相似，體積比卷積雲大，常連成一片，底部呈波浪形；或成一長列，形態變化很多。

(6) **層積雲**：外觀介於層雲與積雲之間，體積比高積雲大，外形柔和，結構不太明顯，底部具有波浪形態。高山所見的雲海大多為層積雲。

(7) **層雲**：是一種均勻一致的灰白色低雲，似霧，但不與地相接。層雲常可以掩蓋山腰或高建築物的頂部；當其籠罩在山腰時如濃霧。

(8) **積雲**：彷彿棉花堆，底部平坦，頂部隆起，形態大小變化很多。

(9) **雨層雲**：一種典型的壞天氣雲，黯黑而無定形，使天空因而陰暗，常帶來局部陣雨。

(10) **積雨雲**：是一種最濃厚而龐大的雲，垂直伸展極高，底部黯黑，難以分辨，頂部聳起如山岳或高塔，頂部常呈鐵砧狀（圖 3.13），常帶來如雷雨與龍捲風等惡劣天候。

雲的形狀

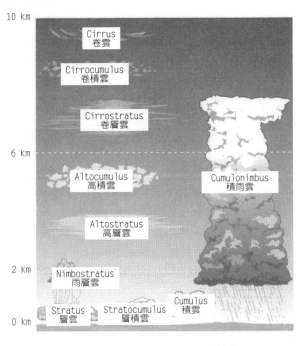

圖 3.13　各種雲的外型和特徵

雲的分類

根據雲的形狀與高度，雲可分類如下：
(1) 卷雲：在 6～12 公里高，像羽毛、亂絲
(2) 卷層雲：在 6～12 公里高，像薄幕、輕紗
(3) 卷積雲：在 6～12 公里高，像布滿魚鱗的天空
(4) 高層雲：在 2～6 公里高，藍色層狀雲
(5) 高積雲：在 2～6 公里高，呈波浪形或長列
(6) 層積雲：在 0～2 公里高，具波浪形態
(7) 層雲：在 0～2 公里高，低空灰白色低雲
(8) 雨層雲：在 0～3 公里高，黯黑無定形
(9) 積雲：在 0～2 公里高，像棉花堆形態多變
(10) 積雨雲：一般存在 3,000 公尺左右，發展巨大時，可從 2,000 多公尺處垂直伸展至 10,000 多公尺的高空，橫越整個雲帶（圖片取自 S. Ackerman, 2003）

四、霧

霧（Fog）是指由小水滴或冰晶所組成的水氣凝結物，它懸浮在接近地球表面的大氣中，是一種常見的天氣現象。霧能影響能見度，對交通影響很大。根據國際上的定義，霧中的能見度小於 1 公里。當氣溫達到露點溫度時（或接近露點），空氣裡的水蒸氣凝結生成霧。

1. 霧的種類

(1) **輻射霧**：日落後近地面空氣的溫度逐步下降，使空氣裡的水氣凝結，形成無數懸浮於空氣裡的小水點，這便是輻射霧（圖 3.14）。多出現於晴朗而風力微弱的秋冬晚上或清晨，在日出後不久或風速加快後便會自然消散。

(2) **平流霧**：當暖濕空氣平流經較冷水面或陸地時，暖濕氣流遇冷絕熱冷卻凝結成霧（圖 3.15）。這種現象通常在冬天發生，持續較長時間，有時甚至可達數百米厚度。平流霧出現時間不定，往往可持續較久。

(3) **蒸氣霧**：這通常在冷空氣流過較暖的水面時形成。水蒸氣很快會經由蒸發作用進入大氣並且逐漸降至露點以下而冷凝，最後形成蒸氣霧。蒸氣霧通常會在極地發生，並且常見於晚秋及早冬時的大型湖泊旁（圖 3.16）。

(4) **上坡霧**：當風將空氣吹向山坡時，使其向上流動，再因絕熱膨脹而冷凝時產生上坡霧（圖 3.17）。

(5) **谷霧**：通常發生在冬天的山谷裡。當較重的冷空氣移至山谷裡，暖空氣同時亦經過山頂時，產生溫度逆增現象，結果生成了谷霧（圖 3.18），而且可以持續數天。

小博士解說

霧的形成：

霧的本質是水蒸氣凝結物，它也是使空氣中水蒸氣凝結的一種方式，可增加空氣中水蒸氣含量或降低溫度，只要空氣溫度達到露點，空氣中的水蒸氣就會凝結而生成霧。因為露點只受氣溫和濕度影響，所以霧的形成有兩種方式：一、大量增加空氣中的水蒸氣，使其達到露點而形成霧，比如蒸氣霧；二、藉氣溫下降至低於露點而生成霧，比如平流霧或輻射霧。

圖 3.14　輻射霧

◀圖 3.15　平流霧

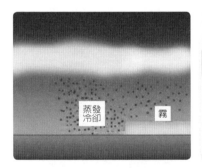

圖 3.16　蒸氣霧

◀圖 3.18　谷霧

圖 3.17　上坡霧

五、降水

大氣雲中之水蒸氣因凝結而降落到地面，稱之為**降水**（Precipitation）。降水的形式包括液態與固態，可細分為雨、雪、凍雨、霙（霰）、冰雹等，台灣地區之降水型態仍以**降雨**（Rainfall）為主。

1. 降水的形式

根據大氣之溫度分布，降水有各種不同形式，如雨、雪、凍雨、霙、冰雹等，其形成之原因分別如下述。降水在雲中時，通常為冰晶形式，溫度低於攝氏零度，但降落期間隨大氣溫度分布曲線之不同，便會形成不同形式的降水，如圖 3.19 所示。如果大氣溫度分布在低空處均大於 0℃，會形成雨。如果在降落期間，大氣溫度分布均低於 0℃，即形成雪。降雨在低空中，溫度又低於 0℃ 時，便形成**霙**（Sleet）。降雨在接近地表，溫度低於 0℃ 且結凍，便形成**凍雨**（Freezing Rain）。

各種降水形式細述如下：

(1) 雨：雨是降水的液態形式，是最常見的降水形式。

(2) 雪：雪是水氣結晶形成，當水氣充足，且溫度都在凝固點以下，就會結晶形成雪花降落。雪花是由雲內微小的冰晶互撞黏在一起後形成，在顯微鏡下觀察其結構，雪的結晶呈六角形，每個雪花都顯出不同結晶構造，說出造物之美（圖 3.20）。

圖解氣候與環境變遷

降水的形式（一）

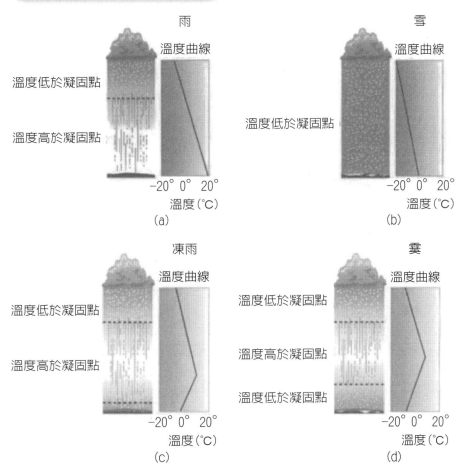

雨

溫度曲線

溫度低於凝固點

溫度高於凝固點

−20° 0° 20°
溫度(°C)
(a)

雪

溫度曲線

溫度低於凝固點

−20° 0° 20°
溫度(°C)
(b)

凍雨

溫度曲線

溫度低於凝固點

溫度高於凝固點

−20° 0° 20°
溫度(°C)
(c)

霰

溫度曲線

溫度低於凝固點

溫度高於凝固點

溫度低於凝固點

−20° 0° 20°
溫度(°C)
(d)

圖 3.19　降水的各種形式與溫度在大氣中分布有關（圖片取自 S. Ackerman, 2003）

圖 3.20　雪

(3) **凍雨**：降雨在落地前，如果地表異常寒冷會再度結凍，其重量常壓壞房屋結構或作物，造成重大災害（圖 3.21）。

(4) **霰（或稱霉）**：降雨在落地前，因周圍溫度低於攝氏零度結成細小顆粒，與雪花不同，沒有結晶構造（圖 3.22）。

(5) **冰雹（Hail）**：因猛烈的上升和下降氣流，從積雨雲中降落下來的冰塊或冰球，形狀大小不一，小的如黃豆碎片，大的則像高爾夫球、棒球等，常造成重大災害（圖 3.23）。

小博士解說

降水造成的災害：

降水帶來的災害包括雨、雪、凍雨、霰、冰雹等，只要過量，都可能造成災害。其中雪多發生於冬季，凍雨與霰較少見，多發生在秋末、初春，冰雹則發生於夏季。近年來因氣候異常，降水強度增加，各處常傳來重大降水災情。

近年來台灣地區也因降雨多寡而造成嚴重災害，主要有洪水與乾旱兩項，又因氣候變遷，導致台灣地區因異常降雨造成的災害，有逐年增加趨勢。根據研究顯示，台灣整年降雨較多的豐水年和降雨較少的枯水年，間距有逐漸縮短現象，即豐枯交替頻繁又加劇。此外，降雨天數變少及降雨強度增加所引發的洪水、坍方、土石流等災害等都更頻繁。

降水的形式（二）

圖 3.21　凍雨

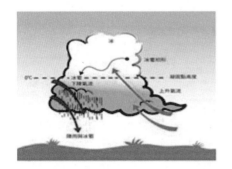

◀圖 3.22　霰

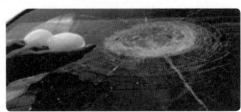

圖 3.23　冰雹

2.降水與雲滴的成長

根據溫度，雲可分為暖雲和冷雲，暖雲的定義是溫度大於 0℃，故全為液態；冷雲的定義是溫度小於 0℃，故部分結晶為冰晶（圖 3.24）。降水在暖雲和冷雲中的形成過程不同，一般而言，在暖雲中不易產生降水，但在冷雲中較易形成降水，分析如下：

(1) 暖雲

　　大部分的暖雲不易產生降水，是因為：

　　①水滴太小，幾乎懸浮在空中；

　　②水滴下降時，周圍的空氣溫度漸漸上升，水滴很容易被蒸發。

下降的水滴，若要到達地面形成降水，下降速度必須要大，且水滴也要夠大，如此在到達地面前，才不會被蒸發。但依其凝結過程，水滴很難迅速成長。最有效的成長方法、就是「碰撞結合」，因大水滴下降速度大於小水滴，因此大水滴在下降過程可以吞併小水滴而成長（圖 3.25）。暖雲中的水滴即使可在下降過程中經「碰撞結合」成長，但要依此形成降水，機率還是要比在冷雲中小得多，故大部分的降水來自冷雲（小於 0℃），如圖 3.19 所示。在冷雲中藉「冰晶」成長過程，較容易形成降水，冷雲中「冰晶」的成長原理如後文所述。

小博士解說

積雨雲中形成降水過程：

積雨雲是一種濃厚而高大的雲，垂直伸展極高，常帶來惡劣天候，以下以積雨雲為例，說明降水在雲中形成經過。圖 3.24 解釋積雨雲的結構，因為積雨雲很龐大，有時高度會延展到對流層頂，我們可根據雲中溫度分布，將積雨雲區分為三個區域：

區域 (1)：溫度 > 0℃ 的暖雲，其中全為液態的水構成。

區域 (2)：溫度介於 0 ～ −40℃ 之間的冷雲，由過冷水與冰晶構成。

區域 (3)：溫度 −40℃ 的冷雲，全由冰晶構成。

區域 (1) 內全為暖雲，水滴在其間是藉「碰撞結合」成長，但此降水形成成長緩慢，機率不高，且容易被蒸發。區域 (2) 內全為冷雲，含過冷水與冰晶，降水的形成主要是在此區域進行，降水與冰晶過程有關。區域 (3) 全由冰晶構成，這些冰晶如果過重，就會掉落至下方區域 (2) 的冷雲中，冰晶易碎，因此會形成許多小冰晶，充當新的結冰核，在區域 (2) 形成更多大冰晶。

降水與雲滴的成長

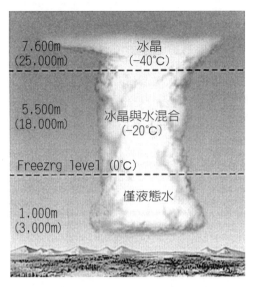

7,600m
(25,000m)　　　冰晶
　　　　　　　(−40℃)

5,500m
(18,000m)　　冰晶與水混合
　　　　　　　(−20℃)

Freezrg level (0℃)

　　　　　　　僅液態水

1,000m
(3,000m)

圖 3.24　積雨雲中的溫度分布

根據溫度分布，雲中有暖雲
和冷雲二部分，
(1)暖雲的定義：溫度 > 0℃
(2)冷雲的定義：溫度 < 0℃

暖雲

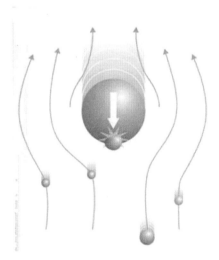

圖 3.25　碰撞結合：大水滴在下降過程中吞併小水滴，但降水機率小

(2) 冷雲——冰晶過程

在冷雲中，過冷水滴與冰晶並存。由於在同一溫度，冰面的飽和水氣低於水面的飽和水氣（如圖 3.26 中，容器內冰晶的成長），因此此空氣中的水氣不斷凝固，形成冰晶；但對水滴而言，水氣量未飽和而繼續蒸發。結果冰晶越大，水滴越小（圖 3.26）。

冰晶易碎，形成許多小冰晶，這些小冰晶則充當新的結冰核，形成更多大冰晶。卷雲內溫度均遠低於 0℃，故不需結冰核就可凝固成冰晶。這些冰晶如果過重，會掉離卷雲進入下方冷雲，此時冰晶即可充當結冰核，在冷雲中使冰晶迅速成長（圖 3.27）。

小博士解說

降水與冰晶過程：

在冷雲中，降水與冰晶過程可由圖 3.26 與圖 3.27 來解釋。

根據圖 3.24 的區域 (3)，冷雲內因溫度遠低於 0℃，故不需結冰核就可凝結成冰晶。這些冰晶如果過重，就會掉落至下方區域 (2) 內的冷雲，此時冰晶即可充當結冰核，在過冷水與冰晶構成的冷雲中冰晶迅速成長，如圖 3.27 中所示。但在圖3.24的區域 (2) 內，液態的水如何能存在於冰點以下？這是由於凍結的結冰核會與過冷水逐漸形成冰晶。在溫度為 −40 ∼ 0℃ 間的冷雲，可藉冰晶成長，如圖 3.26，過冷水滴（< 0℃）與冰晶並存，空氣中的水氣不斷凝結使冰晶成長，造成冰晶越大，水滴越小。此過程與雲藉凝結核吸引水蒸氣而成長的原理相似，冰晶依此方式漸漸成長，最終成長到相當重量，隨即以各種降水方式降落地表。

冷雲

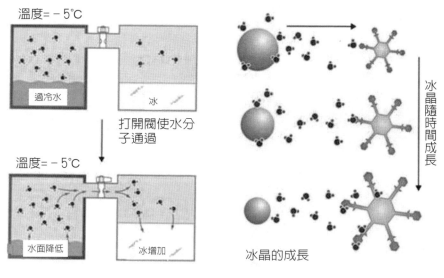

溫度 = -5℃

過冷水

冰

打開閥使水分子通過

溫度 = -5℃

水面降低

冰增加

冰晶隨時間成長

冰晶的成長

圖 3.26 容器內冰晶的成長（圖片取自 S. Ackerman）

在冷雲中，過冷水滴（< 0℃）與冰晶並存，空氣中的水氣不斷凝固使冰晶成長，結果冰晶越大，水滴越小。

圖 3.27 冰晶易碎，小冰晶則充當結冰核，再成長形成為更多大冰晶

3. 人造雨──種雲

前述雲的形成有三個基本條件：充分的水蒸氣、空氣冷卻與凝結核，因此雲的形成與空氣中的懸浮微粒有關，這些懸浮微粒作為凝結核以吸附小水滴，凝結核越多，降水機會越高。懸浮微粒是指一些懸浮在空中的微小顆粒，有自然的懸浮微粒如火山灰、塵灰、海鹽等；也有人為的懸浮微粒如工業灰塵、煤煙、硫酸鹽及硝酸鹽等。

因為雲和降水的形成都須具備此三個基本條件，故當雲內水滴太小或缺乏冰晶而無法降水時，可用人工方法產生冰晶或使小水滴成長，產生降水。作法是藉噴灑一些化學物質到雲中，作為凝結核以吸附水滴，即可增加降水的機率，是人工改變降水的一種方式，此人工造雨過程稱為「**種雲**」（Cloud Seeding）（圖 3.28 與圖 3.29）。

種雲最常使用的化學物質，有乾冰（氧化鈦）或碘化銀。液態丙烷可擴展成氣體，也常被使用，它比碘化銀更容易產生冰晶。乾冰或液態丙烷噴灑後體積迅速膨脹，溫度驟降，從水蒸氣很快冷凝成冰晶核。其實，碘化銀微粒本身是非常有效的冰晶核，在冷雲中缺乏冰晶的情況下加入碘化銀充當冰晶核，可促使 $-5℃$ 以下的水滴凝結成為冰晶，並且繼續成長而產生降水。

想要利用種雲達到增雨的目的，有數種方法可以採用。一般最常見的是飛機飛到定點噴灑，由氣流擴散到預定地區（圖 3.28 (a) 與 (b)）；也可使用位於地面的設備噴灑，微粒釋放後順風向上進行，擴散到預定地區（圖 3.28 (b)）；或以火箭發射行之，直接發射到預定目標（圖 3.28 (c)）。

圖解氣候與環境變遷

小博士解說

種雲與環境：

種雲因環境也分為暖雲種雲和冷雲種雲兩類。

(1) 冷雲種雲的原理，是在由冰晶及過冷水滴所構成的冷雲內，噴灑乾冰或碘化銀，以提高降雨效率，增加降雨量。

- 噴灑之乾冰進入冷雲內，因為乾冰溫度為 $-78℃$，乾冰進入冷雲後造成環境溫度迅速下降，低溫使得過冷水滴直接變成冰晶，冰晶長大後就有機會形成降雨。

- 噴灑碘化銀的作用如同結冰核，過冷水滴凝結附著於碘化銀成為冰晶，進而成長增加降雨。

(2) 暖雲種雲的原理，是由於在溫度高於 $0℃$ 的雲中，存在很多細小的水滴；此時噴灑大量的小水滴，或是設法讓吸水性粒子進入雲中吸收水氣，可以增加雨胚數量，進而提高水滴碰撞結合的機率。

人造雨—種雲

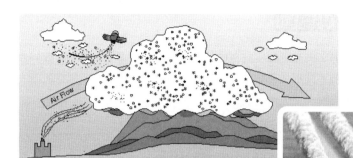

(b)利用地面的設備噴灑

(c)火箭發射到預定目標

(a) 飛機飛到定點噴灑

◀ 圖 3.28　種雲的不同方式

◀ 圖 3.29　乾冰種雲結果

知識
補充站

種雲：
雲的形成與空氣中的灰塵物質有關，這些物質成為凝結核以吸附小水滴，水蒸氣凝結成水滴要靠凝結核，故凝結核越多，降雨機會越高，在缺雨時可藉飛機或火箭噴灑乾冰或碘化銀到雲中，以吸附水滴。

Unit 3-2
大氣的運動

　　由於大氣中的能量轉換、地球自轉、以及地球表面的摩擦作用，使得大氣處於運動狀態。大氣的運動以各種不同形式及週期存在，如同海流的起伏波動，通常所謂的風，就是一種空氣的水平運動。

一、支配大氣運動的基本力

　　支配大氣的運動，有下列幾個基本力：重力、氣壓梯度力、柯氏力、向心力／離心力、摩擦力及浮力，各種力的作用原理簡介如下。

1. 重力

　　任何兩物體都有一種互相吸引力作用其間。我們稱此力為重力，其力大小與兩物體質量成正比，與其間距離的平方成反比。

2. 氣壓梯度力（Pressure Gradient Force, PGF）

　　氣壓是指單位面積所承受的空氣重量，氣象學上常以毫巴為單位（一大氣壓約等於 1013 毫巴）。氣壓梯度是指在一水平距離內的氣壓變化程度，垂直於等壓線。而氣壓梯度力則是使空氣作水平運動的原始動力。在地面天氣圖上，等壓線間的疏密正好反映著氣壓梯度的大小。當等壓線稀疏時，表示該區氣壓梯度小；反之，等壓線密集，則氣壓梯度大。

　　圖 3.30 為氣壓梯度力之示意，(a) 圖為地面地形，(b) 圖為其地形圖，圖中梯度越密集，表示地形越陡峭，氣壓梯度力也是如此，氣壓梯度力公式如下：

$$PGF = (1/\rho) \times \Delta P / D \tag{3.1}$$

式中 ρ：空氣密度，ΔP：氣壓差，D：水平距離

　　風速與等壓線的疏密程度有關，它有下列特性：

(1) 氣壓梯度力恆由高壓垂直指向低壓（圖 3.31）。
(2) 單位距離內的氣壓差值越大，等壓線越密集，氣壓梯度也越大，因此氣壓梯度力越大，風速越強。

　　‧氣壓梯度的應用——伯努力定理（Bernoulli's Theorem）：

$$(1/2)\rho V^2 + P + \rho gh = const \tag{3.2}$$

伯努力定理能夠解釋飛機機翼上升的原因（圖 3.32）及棒球彎曲變化球的理由。

氣壓梯度力（PGF）

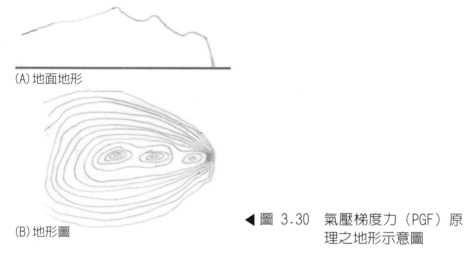

(A)地面地形

(B)地形圖

◀ 圖 3.30　氣壓梯度力（PGF）原理之地形示意圖

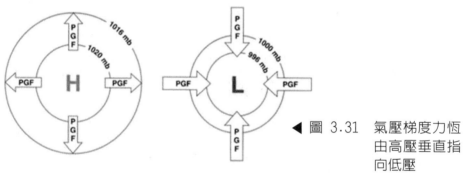

◀ 圖 3.31　氣壓梯度力恆由高壓垂直指向低壓

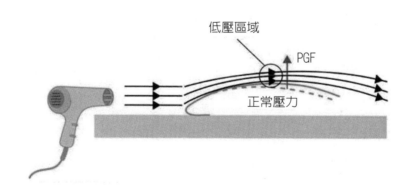

低壓區域

PGF

正常壓力

圖 3.32　飛機機翼處上方壓力較低，是飛機起飛上升的原因

3. 柯氏力

受到地球自轉的影響，氣流方向並非垂直等壓線，而是有所偏轉，此種使運動體偏向的假想力稱為柯氏力（圖 3.33）。

柯氏力垂直作用於運動方向，因此僅能改變風向而不會影響風速大小。

在北半球的運動體會因柯氏力作用而右偏，南半球則是左偏。

柯氏力大小與風速成正比，緯度越高的地方，柯氏力也越大（赤道上無柯氏力，兩極柯氏力最大），柯氏力公式如下：

$$F = 2\,\omega \times V = 2\,\omega\,v\sin\theta \tag{3.3}$$

式中 ω：地球自轉角速度，θ：緯度，$\times$ 為**叉積**（Cross Product）符號。

公式中說明柯氏力僅能改變風向而不會影響風速大小，風向偏轉決定於：(1) 地球自轉，(2) 緯度，(3) 風速。

緯度越高，柯氏力越大。赤道上無柯氏力，兩極柯氏力最大。

4. 向心力／離心力

由牛頓第三運動定律（反作用定律）得知，有一作用力必生一反作用，故當向心力產生時，必有一大小相等，方向相反之力發生，此反作用力係使物體飛出中心，故稱離心力，向心力與離心力之示意圖如圖 3.34。

$$Fc = V^2 / R \tag{3.4}$$

式中 V 為速度，R 為半徑。

小博士解說

柯氏力對地表上物體運動的影響：

柯氏力並非真實存在的力，而是在轉動體系內的觀察者，所感受到一個使運動物體偏向的假想力，因此柯氏力對地表大氣的對流與表面洋流至關緊要，風或洋流的運動都受到柯氏力的影響。在北半球，柯氏力使運動物體向右偏轉，在南半球則使運動物體向左偏轉，如圖 3.33 所示。

在考慮柯氏力時記得它是遵守著幾個規律：

(1) 它僅改變物體運動方向，不改變運動速度。

(2) 偏轉大小取決於地球自轉速、緯度與物體運動速度。

(3) 緯度越高，柯氏力越大，赤道上無柯氏力，兩極柯氏力最大。

柯氏力

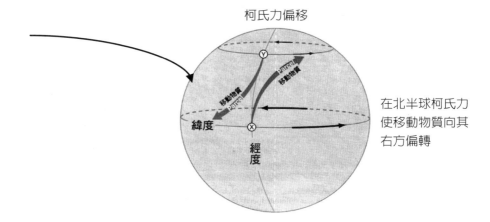

柯氏力偏移

在北半球柯氏力
使移動物質向其
右方偏轉

圖 3.33　因地球自轉影響，在地表的觀測者所感受的一個假力，稱為柯
氏力

向心力／離心力

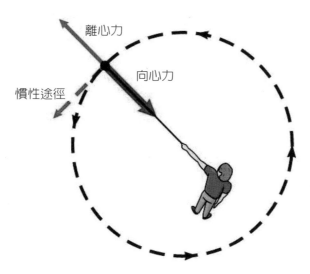

圖 3.34　向心力／離心力

5. 摩擦力

存在於兩接觸面間一種阻止物體運動的作用力，其方向和施力或運動的方向相反（圖 3.35）。公式如下：

$$FF = -kV \tag{3.5}$$

上式中 V 為風速。

6. 浮力

在流體中因密度差異而產生的力稱為浮力，使物體向上浮起時稱為正浮力，使物體向下時稱為負浮力。單位質量的浮力與密度關係如下式：

$$Fb = \frac{\bar{\rho} - \rho}{\bar{\rho}} g \tag{3.6}$$

上式中，$\bar{\rho}$ 表環境流體的密度

ρ 表物體的密度

g 表重力加速度

小博士解說

空氣中的浮力：

物體在流體（包括液體和氣體）中時，流體給予物體一個向上的作用力，這個作用力稱為浮力。物體在流體中會減輕重量，這是因為浮力會抵銷部分物體的重量所致，所以物體在流體中實際重量等於物體在流體中重量減去浮力。

浮力不僅存在於液體，也存在於氣體。例如，一般我們說汽球會飄上天空，應該是汽球浮在空氣上；又如暖雲中的水滴重量太輕，受到浮力作用飄浮空中，不易產生降水。

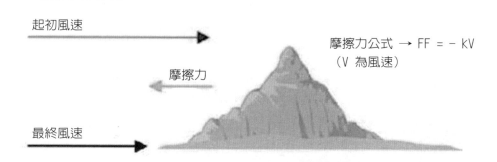

摩擦力

起初風速

摩擦力

最終風速

摩擦力公式 → FF = − KV
（V 為風速）

圖 3.35 摩擦力示意圖

知識補充站

摩擦力對風的影響：

在近地面層的大氣中，風不僅受到氣壓梯度力和柯氏力的制約，而且還得對抗地面摩擦力的干擾。地面摩擦力的影響可以達到 1.5 公里的高度，因此 1.5 公里以下的氣層被稱為摩擦層。

在摩擦層裡，風吹在粗糙不平的地球表面，受到摩擦力的作用，風速就會減弱下來。由於地表粗糙程度不一，摩擦力的大小不同，風速減弱的程度也就不同。一般說來，陸面摩擦力比海面大；而在陸面上的摩擦力，山地又比平原大，森林又比草原大。

摩擦力不僅會削弱風速，也破壞氣壓梯度力與柯氏力間的平衡，而改變近地面風向，風以穩定的速度和一定的交角，斜穿等壓線從高壓側向低壓側吹去。摩擦力越大，摩擦風使風速越小，向左偏轉和等壓線之間的交角也就越大。

二、各種力之間的平衡

　　上節談到支配大氣運動幾個基本力的原理，包括重力、氣壓梯度力、柯氏力、向心力／離心力及摩擦力等，各種力在大氣中達於平衡，包括：(1) 流體靜力平衡，指垂直氣壓梯度力與重力達於平衡。(2) 地轉平衡（地轉風），指氣壓梯度力與柯氏力達於平衡。(3) 梯度平衡（梯度風），指柯氏力與離心力及氣壓梯度力達於平衡。(4) 氣旋平衡（颱風、龍捲風）指離心力與氣壓梯度力達於平衡，今說明各種平衡原理。

1. 流體靜力平衡

　　流體靜力平衡（Hydrostatic Balance）是指垂直氣壓梯度力與地球之重力達於平衡（圖 3.36），其公式表示如下：

$$PGF_v + g = 0$$
$$(1 / \rho) \times \triangle P_v / \triangle Z + g = 0$$
$$\rightarrow \triangle P_v = -\rho g \triangle Z \tag{3.7}$$

　　舉例來說，在一千公尺高處，氣壓較地表處減少 $\triangle P_v$，根據公式計算如下：

$\rho = 1.1 \ kg / m^3, \ g = 9.8 \ m / sec^2, \ \triangle Z = 1000 \ m$（公尺）
$\triangle P_v = 1.1 \times 9.8 \times 1000 = -10,780 \ Newtons / m^2$
因為　1 mb（毫巴）$= 100 \ Newtons / m^2$
$\rightarrow \triangle P_v = -108 \ mb$
即在一千公尺高處氣壓比地表處降低了 108 毫巴。

2. 地轉平衡 （地轉風）

　　地轉風（Geostrophic Wind）是氣壓梯度力（PGF_H）與柯氏力（CF）平衡時所產生的一種理論上的風，這種狀況就稱為**地轉平衡**（Geostrophic Balance）。地轉風為與柯氏力、氣壓梯度力垂直之直線運動，地轉平衡的公式表示如下：

$$PGF_H + CF = 0$$

即 $(1 / \rho) \times \triangle P_H / D + 2 \omega \times V = 0$ $\tag{3.8}$

　　若沒有柯氏力的影響，風是由氣壓梯度力（永遠垂直於等壓線）來推動。柯氏力的大小與風速成正比，它只改變風的方向，不改變風速的大小。

・地轉風的形成

　　(1) 受到氣壓梯度力的影響，空氣將從高壓向低壓流動且逐漸加速，但空氣運動受到柯氏力作用，使運動方向偏轉。在北半球時，垂直在運動方向的右方，使風向向右；在南北球時，則垂直在運動方向的左方，使風向向左（圖 3.37）。

　　(2) 直到偏轉增加到氣壓梯度力和柯氏力達到平衡為止，此時兩力均垂直於風向，兩力大小相同而方向相反，因而互相抵銷，空氣運動方向平行於等壓線，兩力也都不再對空氣加速（圖 3.38）。

　　(3) 通常只有在無摩擦力的高空方能滿足地轉風的條件。

流體靜力平衡

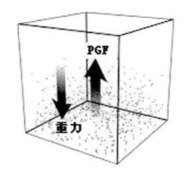

圖 3.36　垂直氣壓梯度力（PGF）與地球之重力達於平衡

地轉平衡

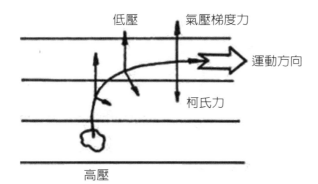

圖 3.37　地轉平衡

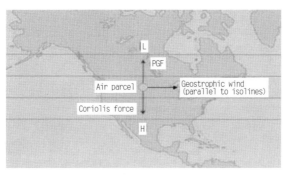

圖 3.38　空氣的運動方向和等壓線平行，這種現象稱為「地轉風平衡」
（圖片取自S. Ackerman, 2003）

　　高空的風是以地轉風的形式平行沿著等壓線移動（圖 3.39 (a)），但在接近地面時，由於地面摩擦，使風速變小。風速小，則柯氏力也變小，因為氣壓梯度力大於柯氏力，將空氣推向低壓。最後是摩擦力和柯氏力的合力，與氣壓梯度力三者呈現平衡的結果，風由高壓斜吹向低壓（圖 3.39 (b)），風向和等壓線有夾角，摩擦力越大，夾角越大。

　　在氣壓梯度力、柯氏力及摩擦力三者平衡下，空氣的運動方向必然有跨越等壓線的分量，這種跨越等壓線的分量會造成低壓中心區的上升運動，常導致各種雲、雨等壞天氣。地面低氣壓中心的風一面有繞中心逆時針方向旋轉的特性，同時一面有跨越等壓線向中心輻合的效果（圖 3.40）。

　　到了高層，為了質量守恆，空氣必須向外流出（輻散），故反而變成順時針方向流動，在高壓中心區造成下沉運動，而導致晴朗的天氣（圖 3.41）。

小博士解說

低氣壓中心和高氣壓中心：
一個地區的氣壓若比周圍的氣壓低，就形成低氣壓中心，周圍壓力較高區域的空氣會流向中心。在北半球，地面低氣壓附近的空氣會依逆時鐘方向，向低氣壓中心匯集，形成一個氣旋，並在中心附近造成上升氣流（如圖3.40），因此容易形成雲雨，造成惡劣天氣。

若一個地區的氣壓比周圍氣壓高，就形成高氣壓中心，中心附近的風以右旋的渦旋向外吹去，所以該部分的空氣較為稀薄。在北半球高氣壓中心附近，空氣依著順時鐘方向往外流動，形成一個反氣旋，並使高空的空氣下沉補充（如圖3.41），造成晴朗天氣。

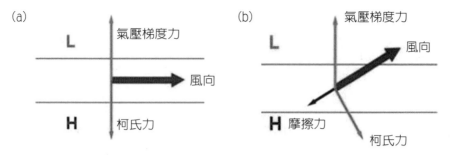

圖 3.39　(a) 高層風；(b) 近地面風

氣旋、反氣旋的形成

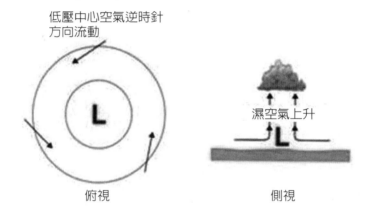

低壓中心空氣逆時針
方向流動

L

濕空氣上升

L

俯視　　　　　　　　　側視

圖 3.40　地面低氣壓中心的風繞中心逆時針方向旋轉

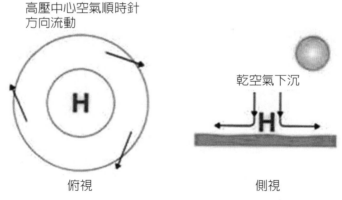

高壓中心空氣順時針
方向流動

H

乾空氣下沉

H

俯視　　　　　　　　　側視

圖 3.41　到了高層，氣壓形成高壓中心，風繞中心順時針方向旋轉

熱帶氣旋（颱風）的形成需要上方有穩定的氣流，故當低空區域形成氣旋同時，高空區域可成功地發展一個反氣旋系統（圖 3.42）。因為熱帶氣旋的形成有賴於此二氣旋成對的發展，當一者加強，另一者也跟著加強；一者減弱，另一者也跟著減弱。當熱帶氣旋行至中緯度時，因此處高空的噴射氣流較強，熱帶氣旋上方的反氣旋受到干擾，熱帶氣旋便逐漸減弱，這是熱帶氣旋最終消滅的主要因素。

　　3. **梯度平衡**（Gradient Balance）：柯氏力與離心力及氣壓梯度力達平衡，梯度風是地轉風在一定條件下，轉化成另一種大尺度的系統風。當地轉風在圓形的氣壓場中時，風作等速曲線運動。作曲線運動物體的運動軌道，都有一定長度半徑，所以風在運動時，除梯度力、偏向力作用外，還要受到慣性離心力的作用，當三個力作用平衡時，有效分力為零，風沿等壓曲線作慣性等速曲線運動，這就是**梯度風**（Gradient Wind）（圖 3.43）。

小博士解說

颱風的結構：

(1) 風眼：颱風是一個低氣壓中心的氣旋結構，當颱風發展成熟時，其中心會有明顯風眼結構，颱風強度越強，風眼結構越清楚。風眼的直徑一般為數十公里，從雷達影像觀測到的風眼似圓形的無雲區域，這是因為颱風中心為下降氣流，是整個颱風內氣壓最低的地方，風力微弱或近似無風，有時還可看見上方星辰。

(2) 雲牆：緊鄰著風眼，是一層很厚的雲牆，環繞中心向上延伸，一般平均高度約在 15~20 公里左右。在雲牆內風雨最大、風速最強，是颱風破壞力最強所在，再向外風雨漸弱直至暴風邊緣為止。

(3) 反氣旋：颱風在上方同時形成一個反氣旋或高壓中心，颱風越強，此反氣旋或高壓中心也越強；上方反氣旋減弱，颱風也減弱，兩者相輔相成。

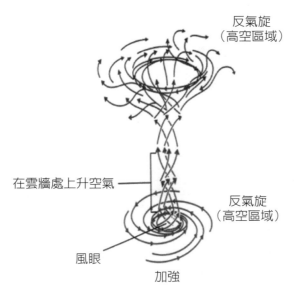

反氣旋
（高空區域）

在雲牆處上升空氣 ——

反氣旋
（高空區域）

風眼

加強

圖 3.42　熱帶氣旋形成（圖片取自 S. Ackerman，2003）

梯度平衡

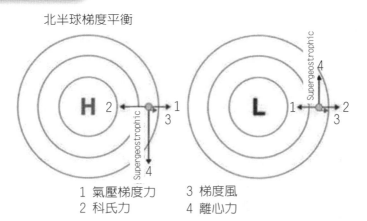

北半球梯度平衡

1 氣壓梯度力　　3 梯度風
2 科氏力　　　　4 離心力

圖 3.43　梯度風示意圖

風在運動時，受到梯度力、偏向
力及慣性離心力的作用，當這三
種力作用平衡時，有效分力為零
，風沿等壓曲線作慣性等速曲線
運動，這就是梯度風。

Unit 3-3
大氣的環流

　　地球的大氣環流是指地球表面上大規模的空氣流動，以及與較小規模的海洋環流一起重新分配熱量和水蒸氣的途徑。

　　大規模的大氣環流即使年年有所不同，其基本結構頗能維持不變。然而，個別天氣系統，如中緯度低壓區、熱帶對流環流等，是在「隨機」情況下產生的，而且氣象通常只能在發生前一段短時間內被預測。

一、大氣的對流模式

1. 輻射與溫度變化

　　一般而言，溫度往極區遞減。同樣強度的輻射，照在高緯度時面積較在低緯度時大，因此低緯度地區每單位面積接收較多太陽輻射。

　　低緯度地區因照射時間較長，形成能量過剩區，高緯度地區則相反（能量不足）。因此，低緯度地區是大氣能量的主要來源，大氣運動則不斷將低緯與高緯地區空氣混合（暖空氣往北，冷空氣往南），使它們藉對流運動達於平衡。

2. 柯氏力

　　因地球自轉的影響，在地球表面上的觀測者會受到因觀測系統不同而產生的一個假力，稱為柯氏力（Coriolis Force），這是一種因為地球旋轉而產生的錯覺，在北半球，柯氏力使任何移動物體向右偏轉（圖 3.33）。

3. 三胞環流模式

　　考慮地球自轉的柯氏力與大氣的冷熱對流，有不少模式被提出以解釋地表大氣的對流現象，其中最符合地表現象者為三胞環流模式（Three-cell Mode）（圖 3.44）。

　　三胞環流模式是地表大氣環流的一個平均模式，以解釋地表各種現象。南半球陸地較少，較少受到干預，運用效果較佳。模式運用也受到季節性影響，例如熱帶聚合帶與高空的噴射氣流，春季均向極區移動，秋季則向赤道移動。

大氣的對流模式

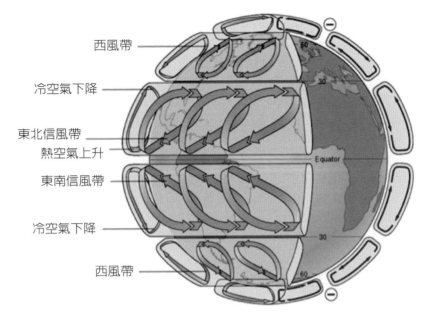

西風帶

冷空氣下降

東北信風帶

熱空氣上升

東南信風帶

冷空氣下降

西風帶

圖 3.44　地表大氣的對流現象，以三胞環流模式最能解釋各種地表現象
　　　　（圖片取自 S. Ackerman，2003）

知識補充站

三胞環流模式的形成：

影響全球氣候分布的一個重要因素是大氣的環流，大氣環流的產生是因低緯度地區的照射時間較長而能量過剩，高緯度地區因照射時間較短而能量不足，大氣運動不斷將低緯與高緯地區空氣混合，使它們藉對流運動達於平衡。

若不考慮柯氏力及海陸分布的影響，大氣環流形成一個三胞環流模式：在赤道地區，氣流上升，形成低壓與密雲分布；在副熱帶 30° 左右地區，氣流下沉，形成高壓與乾燥地帶；在副極地 60° 左右地區，氣流再度上升，形成低壓帶，如此南北半球各形成三個環流。此三胞環流模式再因柯氏力的影響偏轉，便形成行星風系，南北半球分別形成東北（東南）信風帶、西風帶與極地東風帶。

依據三胞環流的理論，大氣環流風帶可劃分如下：

(1) **熱帶輻合帶**（Intertropical Convergence Zone，ITCZ 帶）：因柯氏力大小與 θ（緯度）成正比，柯氏力在接近赤道時的值接近為零。在南北半球盛行的貿易風匯集於赤道，構成了 ITCZ 帶（圖 3.45）。帶 ITCZ 因全為上升氣流，在高空冷凝成雨，該處雨量特多，故又是熱帶雨林帶。在近赤道上方風異常平靜，稱為**無風帶**（Doldrums）。因氣候異常，此處多見大叢林，原始土著散居，如圖 3.46 美洲亞馬遜河流與圖 3.47 非洲剛果盆地中所見，景象特殊。

(2) **東北（東南）信風帶**：信風又稱貿易風，在赤道上升之氣流被其上的平流層壓迫，在 30°N 或 30°S 處再下降至地表（稱為馬緯度），並向東南或西北方向移動。因與古代帆船航行貿易倚賴風力有關，稱為信風或貿易風（圖 3.48）。

圖解氣候與環境變遷

小博士解說

熱帶雨林帶：

在赤道附近的熱帶輻合帶上方多雲，雨量特多，每年降雨量超過 2,000 毫米，形成熱帶雨林帶。熱帶高溫多雨地區有著高大茂密而終年常綠的喬木植物群落，為世界上發育最繁茂的植被類型。熱帶雨林主要分布於赤道兩側，常見於約南北緯10度之間，全球熱帶雨林可劃分為三個區：

(1) 美洲熱帶雨林區，面積最大，主要分布於亞馬遜河流域。
(2) 印度－馬來西亞熱帶雨林區，是第二個大的雨林區，呈帶狀分布，世界唯一的原始雨林。
(3) 非洲熱帶雨林區，位於剛果河盆地，圖 3.45 顯示全球熱帶雨林分布。

熱帶雨林並不適合居住，人類很難在熱帶雨林生存，僅有一些原始的土著居於其間。圖 3.46 顯示美洲亞馬遜河流域及罕見特有的食人魚，它們通常長 15～25 公分，有尖銳的牙齒，一群食人魚可以在 10 分鐘內將一隻活牛吃到只剩一具白骨。圖 3.47 顯示非洲剛果盆地熱帶雨林及當地土著，土著習性非常兇猛殘忍。

熱帶輻合帶（ITCZ 帶）

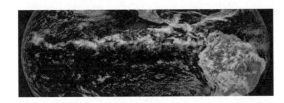

◀圖 3.45　在赤道上方雲層密布、雨量多，形成熱帶雨林帶，如亞馬遜河流域、剛果盆地、馬來西亞雨林等

◀圖 3.46

(a)美洲亞馬遜河流域　　(b)食人魚

◀圖 3.47

(a)非洲剛果盆地熱帶雨林區　　(b)非洲土著

圖 3.48　古代航行動力來自風力

(3) 馬緯度：在 30°N 或 30°S 處，因全為下降氣流而缺雨，稱為馬緯度，是全球主要的沙漠所在，如圖 3.49 所示。圖中也顯示沙漠形成的其他因素，包括高山背風面的降雨陰影帶，及地理位置遠離海洋等。

(4) 中緯度西風帶：從南北緯 30° 至 60°，柯氏力使風向東北（東南）方向吹，構成盛行西風的中緯度西風帶，與信風帶同樣會影響古代帆船航行。

(5) 極地東風帶：從 60° 吹東北（東南）風到南北極。

(6) 亞熱帶噴射氣流（Subtropical Jet Stream）：在近赤道處上升之氣流，當到達對流層頂時即向南北極流動，因柯氏力關係而偏右，在對流層高處 20°N 與 30°N 之間成為高空強勁的西風。這道高空氣流稱為亞熱帶噴射氣流（圖 3.50），在搭飛機時感覺最明顯（例如：飛美國去程較回程快）。

(7) 極鋒噴射氣流（Polar Front Jet Stream）：中緯度西風帶與極地東風帶氣流交會於緯度 60° 處，構成了強勁的向東吹的噴射氣流，此稱為極鋒噴射氣流（圖 3.50）。

小博士解說

沙漠形成的原因：

沙漠的形成主要是因乾燥缺雨，世界上主要沙漠分布地帶見於圖 3.49，沙漠缺雨的原因如下：

(1) 下降氣流：受到全球對流模型的影響，在馬緯度處下沉的氣流特別發達，故乾燥缺雨，地表大多數主要的沙漠均發生在大約 30°N 與 30°S 附近，例如非洲的撒哈拉沙漠、澳洲中西部沙漠等。

(2) 山的背風面：地形也是控制降雨量一個重要的因素，在山的背風面通常會構成一個降雨的陰影帶，故形成沙漠，例如南美洲的阿塔卡馬沙漠（Atacama Desert），位在安地斯山脈的背風面，南北綿延約近 1,000 公里，是世界上最乾旱的沙漠，曾經出現全年度降雨量為 0 的情形。

(3) 遠離海洋：與海洋地理位置太遠，海洋氣團水蒸氣無法隨大氣運輸至此，也是構成沙漠的重要因素，例如中國的戈壁便是如此形成。

馬緯度

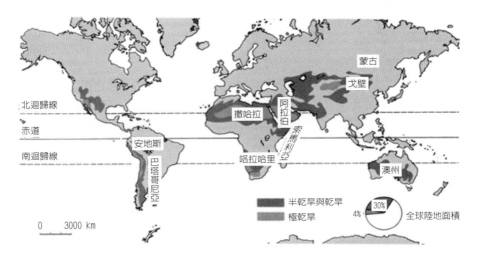

圖 3.49　世界上主要沙漠分布地帶

噴射氣流

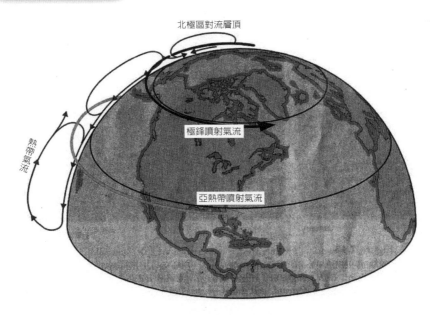

圖 3.50　亞熱帶噴射氣流與極鋒噴射氣流

Unit **3-4**
洋流

一、表面洋流

　　上述地表大氣的對流也帶動表面洋流，地表地球 10% 的水牽涉表面洋流，在大洋上部 400 公尺作水平流動，主要帶動之力量是風（圖 3.51），而為古代帆船航行貿易的重要憑藉。主要影響表面洋流的風是**信風**（**信風帶**，Easterlies） 與**西風**（**西風帶**，Westerlies）。

　　大洋中表面海流有環繞海盆四周流動特性，稱為環流。因其終年流動規律的特性，我們按其地域命名，例如**北大西洋環流**（North Atlantic Gyre），並細分為**灣流**（Gulf Stream）、**北大西洋流**（North Atlantic Current）、**哈納利海流**（Canary Current）與**北赤道流**（North Equatorial Currents）等，如圖 3.51 所示。

　　與台灣附近海域關係最密切的是北太平洋環流。北太平洋環流係由**北赤道流**（North Equatorial Current）、**黑潮**（Kuroshio）、**北太平洋流**（North Pacific Current）及加利福尼亞流（California Current）構成，形成一順時針方向轉動之主要大環流系統（圖 3.51），這些海流都與古代航行息息相關。

二、深海環流

　　深海環流（Deep Circulation）又稱為「溫鹽環流」，是一個依靠海水的溫度、鹽度和密度驅動的全球海流循環系統。例如，以風力驅動的海面水流如墨西哥灣暖流等，將赤道的暖流帶往北大西洋，暖流在高緯度被冷卻後下沈到海底，這些高密度的水接著流入洋底盆地，南下前往其他的暖洋加熱循環，一次溫鹽環流耗時大約 1,600 年。

　　圖 3.52 是簡化的北大西洋深層水流動循環圖。

小博士解說

表面洋流流動，形成以下幾個特徵：
(1) 環流：大洋中海流常繞海盆四周流動，形成環流，例如北太平洋環流、北大西洋環流。
(2) 柯氏力使海流偏轉：在緯度 45°N 處海流本為東北向，成為近似向東流動；在緯度 15°N 處海流本為東南向，成為近似向西流動。
(3) 西邊強化：大洋環流的西邊常形成強而窄的海流，這現象稱為西邊強化，例如北太平洋的黑潮、北大西洋的灣流均為強化的海流。

表面洋流

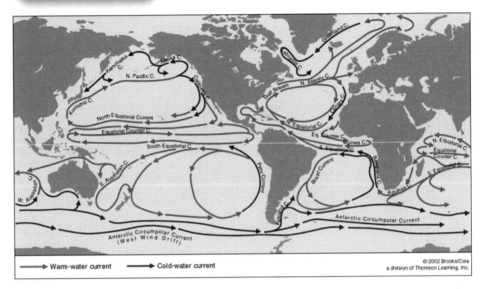

圖 3.51　北太平洋環流（圖片取自 Tom Garrison，Oceanography，2002）

深海環流

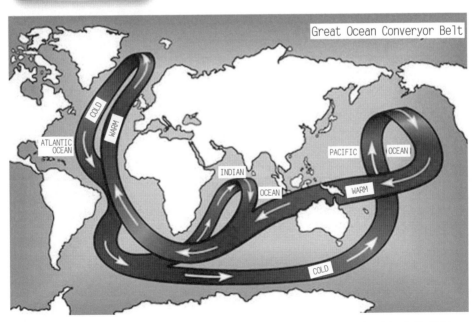

圖 3.52　簡化的北大西洋深層水流動循環圖，灰色的線表示海底的寒流，
黑色的線代表海面的暖流

第 **4** 章
全球氣候變遷的議題

Unit 4-1
什麼是氣候變遷？

氣候變遷包括：(1) 自然因素造成的氣候變遷，以及 (2) 人為因素造成的氣候變遷。

(1) 自然因素造成的氣候變遷，例如太陽輻射、地球運行軌道變化、造山運動等，都是因為自然環境的改變所造成，其產生的原因，我們將在第六章氣候變遷的機制中再來細述。

(2) 人為因素造成的氣候變遷，是指全球氣溫的長期變化。自上世紀初以來，全球平均氣溫已經上升了 0.85℃，並且在未來的幾十年裡，全球平均氣溫可能還會繼續上升。人為因素造成的氣候變遷導致大氣中的氣體成分與地表的改變，而全球暖化即為其中關鍵的一部分，並已成為近年來自然災害頻率和災情增加的主要因素，以下我們所談的全球氣候變遷都是專指人為因素所造成的氣候變遷。

近年來天災的加劇說明了全球氣候變遷的真實性，而這些氣候變遷的現象也正深刻地影響人類的生活與發展，目前已成為一個熱門的話題。回顧近百年來氣候變遷這個議題的研究，我們很驚訝的發現，在近代科學領域的研究中，很少能像氣候變遷的議題引起這麼多的爭議與矚目，而且直到晚近才被大多數科學家所確認。

112

小博士解說

氣候變遷的意義：

氣候變遷的意義為何？首先氣候與天氣所指的意思並不同，天氣是指大氣短期內各種現象的變化，氣候則是指大氣內各種條件，如溫度、濕度、氣壓、降水類型等長期平均現象，是天氣事件累積的結果。各地的氣候類型，長期來說應該是一致的，但一旦受到特殊因素影響，長期一致的氣候類型就會發生改變，此即為氣候變遷。

影響氣候變遷的因素很多，如火山噴發或太陽活動變化等自然因素，都會造成氣候變遷，但是目前影響全球氣候變遷的主要是人為因素。工業革命以來，大量使用石化燃料，產生溫室氣體累積於大氣，造成全球暖化並導致氣候變遷。近來許多事件，例如日益增多的破紀錄天候，皆說明了人為因素的氣候變遷已嚴重威脅人類生存，世界各國均已意識到一同對抗氣候變遷的迫切需要。

氣候變遷

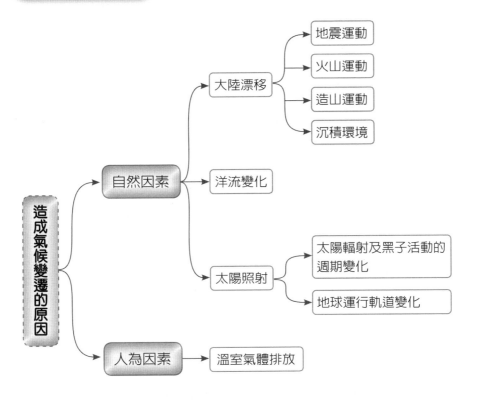

氣候變遷與極端氣候：

知識
補充站

氣候變遷與極端氣候意義不同，二者可能相關但不能混為一談。

- 氣候變遷（Climate Change），是指氣候狀態的平均值或變異數的改變，是一種長期趨勢的改變。
- 極端氣候（Climate Extreme），又稱為極端天氣事件及極端氣候事件，一般指的是一個氣候數值高於或低於門檻值的事件，也指該事件發生的可能性極低。

氣候變遷可能導致極端天氣事件增加，有許多證據顯示，有關熱浪、乾旱、極端降雨事件、海岸溢淹等極端天氣事件，與人為的氣候變遷有關；但有些極端天氣事件，如颶風、龍捲風等，還需要更多證據來證實它們與氣候變遷的相關性。

因為影響氣候變遷有自然因素，也有人為因素，過去很長時期學術界在此議題上有許多爭辯，如內文所述。但近年來極端天氣事件，說明人為因素造成的氣候變遷正逐漸加劇，為此政府與民眾都必須採取行動，以抑制人為的氣候變遷所造成的衝擊。

Unit **4-2**
氣候變遷的爭議

　　為何氣候變遷這樣重要的議題會引起這麼多的爭議？而且幾乎直到 1980 年代末期才逐漸被大多數科學家所肯定。主要是因為地表自然環境的改變，是漸進且非常緩慢的。雖然從十八世紀初科技文明興起開始，全球自然環境就陸續地在改變，但其變化卻相當緩慢，不易為人察覺，因此直到近幾十年才逐漸為科學家所確認。

　　有關氣候變遷這個議題，其實從十九世紀初就開始有人在討論了，以下是近兩個世紀有關氣候變遷這個議題的介紹。

一、十九世紀有關氣候變遷的論證

　　有關溫室氣體對大氣增溫的作用，十九世紀初即有科學家開始注意到。

　　1800 年德國天文學家赫歇爾（Herschel），在測試陽光的過濾器時，發現太陽光中的紅外線輻射可產生很多熱量。

　　1822 年法國的數學家傅立葉（J. Fourier）發表〈熱的解析理論〉一文，他分析除了星際輻射外，地球大氣層的隔熱作用可能也是產生熱源的一部分，這是「溫室效應」的概念首次被人提出。

114

　　1859 年起英國的泰德（J. Tyndall）進行實驗，他研究各種氣體吸收或輻射熱傳遞的能力，以證實某些氣體的溫室效應。泰德指出，大氣中的主要氣體如氮氣和氧氣，對熱輻射幾乎是透明的；而水蒸氣、二氧化碳、甲烷和臭氧等氣體，即使少量，卻極易吸收熱能，比起大氣其餘氣體可以吸收更多的熱輻射。圖 4.1 是泰德對公眾的示範實驗，證實氣體的溫室效應。

　　1896 年瑞典科學家阿列紐斯（Arrhenius）發展理論以解釋地球的冰期，並嘗試透過溫室效應，計算在大氣中二氧化碳的變化可能影響地表的溫度。阿列紐斯在計算中指出（見公式 4.1）：

(1) 如果大氣中二氧化碳的含量為現今值之半，地表溫度將降低 4℃。
(2) 若大氣中二氧化碳的含量為現今值之四分之一，地表溫度將降低 8℃。
(3) 若大氣中二氧化碳的含量為現今值之二倍，地表溫度將升高 4℃。
(4) 若大氣中二氧化碳的含量為現今值之四倍，地表溫度將升高 8℃。

　　公式（4.1）是阿列紐斯採用於計算中的溫室定律：

$$\Delta F = \alpha \mathrm{Ln}\,(C/C_0) \tag{4.1}$$

上述公式中，C 是二氧化碳（CO_2）濃度（ppmv）；C_0 為 CO_2 濃度基值（無干擾），ΔF 為強迫輻射，α 為常數值，約在 5 與 7 之間。

　　我們現今將此大氣中的二氧化碳的含量加倍稱為「氣候敏感性」。此二氧化碳含量的加倍，將改變地表溫度 2 至 4.5℃，最佳估計 3℃。

泰德的實驗

圖 4.1　泰德公眾示範氣體的溫室效應實驗

泰德是第一位注意到某些氣體會造成溫室效應的化學家。從 1859 年起泰德開始進行實驗，證實大氣中的主要氣體氮氣和氧氣，對熱輻射幾乎是透明的；而水蒸氣、二氧化碳、甲烷和臭氧等氣體，卻極易吸收熱能。

Unit 4-3
二十世紀以來有關氣候變遷的論證

雖然十九世紀已有科學家質疑有關溫室氣體對大氣增溫的作用，但社會大眾對氣候變遷的警覺還是太遲鈍了，有關人為製造的溫室氣體對氣候變遷的影響，一直到晚近年代才被注意。

1950 年代美國斯克利浦斯海洋研究所（Scripps Institute of Oceanography）的芮維爾教授（Revelle），注意到人為製造的二氧化碳可能造成大氣的增溫這件事，他於 1957 年在夏威夷的莫納羅亞火山上設立了觀測站（圖 4.2），記錄 1958 年至 1974 年近地表大氣層每日二氧化碳濃度（Keeling 等人，1976）。

美國國家海洋暨大氣管理局（NOAA）也從 1974 年起繼續在莫納羅亞觀測站記錄每日二氧化碳濃度（Thoning 等人，1989），直至今日。這些紀錄在在證明大氣中二氧化碳大幅增加的事實，從 1958 年的濃度 280 ppm 增至 2017 年 3 月的 407.05 ppm，每年增加約百萬分之二（圖 4.3），根據芮維爾教授的研究，二氧化碳的增加反映了約百分之六十三的溫室效應。

1960 年代地球生態環境（包含大氣）遭破壞的現象被注意到，例如 1962 年卡森（Rachel Carson）出版《寂靜的春天》（*Silent Spring*），引起了社會廣泛迴響，環保議題開始引起注意，但當時其他議題例如核爆事件等，模糊了大眾注意的焦點。1970 年代環保議題引起大眾關切，美國環境保護總署在 1972 年下令禁止 DDT 的使用。

小博士解說

DDT 的使用歷史是人類污染環境的最佳例證，有機化合物 DDT 發明於 1930 年代，二次大戰時曾被廣泛作為殺蟲劑使用，可有效去除蝨子、蚊蟲，避免傷寒、瘧疾等傳染病的流行，拯救了數以萬計的生命，之後 DDT 更被使用於農田以抑制蟲害。然而使用 DDT 之後，其弊端也逐漸呈現，在噴灑 DDT 之地區，蟲類產生抗藥性；這些具抗藥性的蟲類繁衍之後代，也繼承其抗藥性，並且儲存於生物體的脂肪組織內。它甚至影響鳥類體內鈣的新陳代謝，鳥吃了含 DDT 的蟲類後，所生的鳥蛋變得外殼薄脆不能孵化，知更鳥甚至因此面臨滅種危機，經環保人士的大肆呼籲，最終 DDT 才被全面禁用。

圖 4.2　芮維爾 1957 年起在夏威夷莫納羅亞火山上的觀測站，記錄近地表大氣層每日二氧化碳濃度

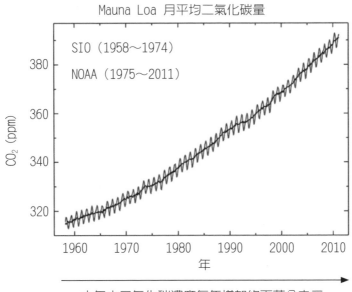

圖 4.3　十年來近地表大氣層二氧化碳濃度，直線為季平均值（資料來源：美國國家海洋暨大氣管理局（NOAA）與斯克利浦斯海洋學研究所（Scripps Institute of Oceanography，SIO））

索爾（J. S. Sawyer）1972 年在《自然》（*Nature*）雜誌發表文章，預測至西元 2000 年地表溫度將因大氣中二氧化碳含量增加 25% 而升高 0.6 ℃，全球暖化問題開始被人注意。

1973 年莫利納與羅蘭（M. J. Molina & F. S. Rowland 1974）提出冷媒所用的氟氯碳化物會破壞臭氧層，但當時各國政府都未曾在意，直到 Farman 於 1985 年報導南極上方發現臭氧層破洞（圖 4.4，Farman 等人，1985），臭氧層被破壞的問題才再度成為熱烈議題。臭氧層的功能是吸收大部分紫外線及宇宙射線，使陽光不致傷害人體。1987 年有 23 個國家在加拿大制定了《蒙特婁協定》，限制氟氯碳化物的使用。

1980 年代地表增溫趨勢更明朗，溫室氣體造成暖化效應的影響逐漸顯出。1990 年代全球暖化議題終於得到全球共識。1997 年 12 月聯合國氣候變化綱要公約參加國，在日本京都制定《京都議定書》（Kyoto Protocol），並於隔年 3 月開放簽字，限定各國二氧化碳的排放量，共有 84 國簽署。因《京都議定書》將於 2012 年屆滿，2009 年 12 月又由 193 國代表在哥本哈根重新談判各國減碳目標，最後制定《哥本哈根協定》（Copenhagen Accord）。2015 年 12 月由 196 國代表在巴黎集會，重新提出溫室氣體減排方案，簽署《巴黎協議》（簡稱 COP21），取代《京都議定書》。

小博士解說

COP21 是什麼？

COP21 為聯合國氣候變遷綱要公約（UNFCCC）成員國第 21 屆全球氣候變遷年會，2015 年 11 月 30 日起 12 天在巴黎舉行，由 196 個成員國派員參加，主旨在提出全球溫室氣體具體減排方案，由各國使其法律化並強制執行，以解決氣候變化問題，遏制全球氣溫上升，是最多國家領導人參與的一次。會議中完成新版對抗氣候變遷議定書，取代將到期之《京都議定書》，有 160 個國家向聯合國提交了「國家自主減排貢獻」文件。

《巴黎協定》共通過以下公約：

(1) 全球平均氣溫升幅控制在低於工業化前水平以上 2℃ 以內，並努力限制升幅在 1.5℃ 以內。

(2) 提高適應氣候變化不利影響之能力，以不威脅糧食生產方式提出溫室氣體低排放方案。

臭氧層破洞

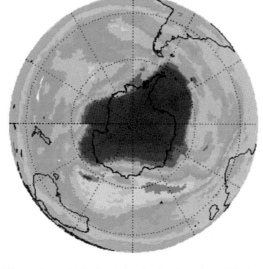

圖 4.4　1985 年南極上方發現臭氧層破洞

國際間合作

共 84 國
簽署

1980 年代地表增溫趨勢更明朗，溫室氣
　　　體造成暖化效應的影響逐漸顯出
1990 年代全球暖化議題終於得到全球共識
1997 年在日本京都制定《京都議定書》
　　　（Kyoto Protocol），隔年 3 月開
　　　放簽字
2009 年由 193 國代表在哥本哈根重新談
　　　判各國減碳目標，制定《哥本哈根
　　　協定》（Copenhagen Accord）
2015 年 196 國代表在巴黎舉行第 21 屆
　　　全球氣候變遷年會（COP21），提出
　　　減排溫室氣體具體方案

Unit **4-4**
IPCC 五次評估報告

聯合國政府間氣候變遷委員會（IPCC）於 1988 年成立，曾分別於 1990、1995、2001、2007 及 2013～2014 年動員了超過 130 個國家，2000 位以上的科學家合作，就有關全球氣候變遷議題，提出五次的評估報告（IPCC Assessment Report, 2007）。

> 1990 年第一次的評估報告中，將人為因素影響氣候評估為「極少觀測證據」（Little Observational Evidence）

> 1995 年第二次的評估報告中，將人為因素影響氣候評估為「可辨別的人為影響」（Discernible Human Influence）

> 2001 年第三次的評估報告中，將人類活動評估為「可能」（Likely，機率 66%）是導致全球氣候變遷原因

> 2007 年第四次的評估報告中，將人類活動的影響列為「非常可能」（Very Likely，機率 90%）是當前全球氣候變遷的主因

> 2013 年第五次的評估報告中，將人類活動的影響列為「極為可能」（Extremely Likely，機率 95%）是當前全球氣候變遷的主因

關於 IPCC 評估報告的內容極其詳細，在以後幾章我們再逐一細述。

為何氣候變遷這麼重要的議題會引起這麼多爭議？為何未能及早得到共識？主要是地球的大氣是一個極其微妙的結構，憑藉從大氣科學研究所得資料，我們對大氣的了解仍然非常有限。其次是所有直接觀測的數據都須以統計方法來分析，而統計本身就是一種或然率的結果，需要人為的分析和判斷。間接的證據雖有許多，但這些常摻雜其他影響因素，使人不容易遽下定論，而氣候變遷對人類全體生存的威脅，也直到近年來才比較明確。這就是為何 IPCC 短短幾年中提出五次評估報告，卻每次都有不同結論。此外還有一個重要原因，是目前地球處於間冰期，暖化是間冰期的必然現象，要辨別間冰期造成的暖化效應與人為造成的暖化效應並不容易，因此很長期間全球暖化這個議題一直處在爭議中，直到 1980 年代地球增溫趨勢逐漸明朗，各種暖化造成的異常現象一一出現，氣候變遷這件事才逐漸為科學界所肯定。

歷年來有關氣候變遷的議題

1800 年
德國天文學家赫歇爾發現陽光中的紅外線輻射產生熱量

1822 年
法國數學家傅立葉發表《熱的解析理論》，「溫室效應」的概念首次被人提出

1896 年
瑞典科學家阿列紐斯發展理論解釋地球冰期，並計算溫室效應

1859 年
英國泰德實驗證實氮氣和氧氣對熱輻射透明，某些氣體極易吸收熱輻射

1958 年
美國芮維爾在夏威夷設立觀測站，記錄每日大氣二氧化碳濃度

1962 年
卡森注意到地球生態環境（包含大氣）遭破壞現象，出版《寂靜的春天》

1973 年
莫利納與羅蘭提出氟氯碳化物會破壞臭氧層，1985 年被證實

1972 年
索爾發表文章，揭示全球暖化問題，預測西元 2000 年地表溫度將升高 0.6°C

1988 年
聯合國政府間氣候變遷委員會成立，二十多年中先後提出五次評估報告

1997 年
84 國簽署《京都議定書》，限定各國二氧化碳的排放量

2009 年
193 國制定《哥本哈根協定》，重新談判各國減碳目標

2015 年
196 國在巴黎舉行年會，提出減排溫室氣體具體方案

第 **5** 章

氣候變遷的測量
（直接、間接證據）

Unit **5-1**
氣象資料的蒐集（直接證據）

　　為了確認氣候變遷的事實，我們必須掌握地表一段期間內有關氣候參數值的數據，這些參數包括溫度、雨量、降雪、雲層厚度等等。本章中我們列舉現今氣象資料的蒐集方式，及歷史上如何取得有關氣候參數，並比較現今及過去氣候參數的變化，以確認氣候變遷的事實。

一、地面氣象觀測

　　近百年來氣候參數的變化比較容易掌握，在陸地上有固定的氣象觀測站紀錄可查，氣象觀測站是為了收集地面氣象資料而設置（圖 5.1），內設有儀器可測量氣溫、氣壓、濕度、雨量、風向、風速、日照時間、雲量等各種氣象要素。

　　百葉箱（Stevenson Screen，圖 5.2）是氣象觀測站中常見的一種標準設備，將氣象用的測量儀器置於百葉箱中，並使其通風良好，以避免儀器受到日曬、風吹、雨淋等干擾。百葉箱中置有溫度計、濕度計、最高及最低溫度計等。在標準的百葉箱中，所測得的溫度結果可與其他地區及過去的紀錄比較。

　　就海上觀測而言，則有許多行駛的商船記載資料，可精確掌握濕度、溫度、雨量、氣壓、風速、風向、日照等等資料。近年來更有海上的氣象浮標和氣象觀測船可提供更多數據，如海水溫度、浪高和潮汐週期等。海上的氣象浮標在定點設置（圖 5.3），其上配備有無線電發射器、夜間警示燈、雷達反射器、太陽能板、風向風速儀、全球定位系統 GPS，海上浮標十分鐘傳報一次。

　　氣象觀測船主要執行海域的海洋氣象觀測，監測範圍從幾十公里高空到幾千公尺深海，其所包括的裝置有高層氣象觀測設備，如觀測氣球、GPS 定位、氣壓計、溫度計、濕度計、風向計、風速計等，能有效監測颱風、海水溫度變化、鋒面走向、風浪等。圖 5.4 為南韓氣象觀測船「氣象 1 號」，船上配有自動高層氣象觀測裝備（ASAP）、超音波海流觀測裝備（ADCP）和雷達式波浪計量儀器（WAVEX）等。其中的自動高層氣象觀測裝備可觀測到 20 公里上空大氣各層次的風向、風速、氣溫和濕度分布。

小博士解說

氣象資料之蒐集：
傳統氣象觀測主要是地面氣象觀測，它是氣象作業的重要一環，所蒐集之資料為天氣預報之主要作業依據。它利用安置於地面的氣象觀測儀器，直接觀測接近地面大氣之各種氣象要素，中央氣象局在全台設有 26 個綜觀氣象測站，從事直接地面觀測業務。氣象資料蒐集也依賴氣象浮標、氣象觀測船、高空氣象觀測、雷達觀測及衛星觀測等，以補傳統氣象觀測資料蒐集之不足。

氣象資料的蒐集（直接證據）

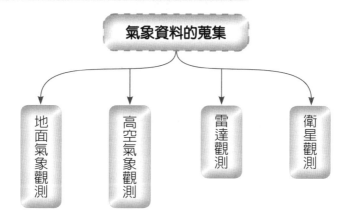

氣象資料的蒐集

- 地面氣象觀測
- 高空氣象觀測
- 雷達觀測
- 衛星觀測

地面氣象觀測

圖 5.1　氣象觀測站

圖 5.2　百葉箱構造

圖 5.3　海域氣象浮標

圖 5.4　南韓氣象觀測船主要執行
海域的海洋氣象觀測，監
測範圍從幾十公里高空到
幾千公尺深海

二、高空氣象觀測

　　高於地面的資料，其觀測要透過釋放氣象氣球取得。氣象氣球是釋放到大氣層中的熱氣球（圖 5.5），在它們升上高空過程中，藉使用無線電發射器將氣象資料傳回地面，每一天在各地釋放數以百計的氣球以完成高空氣象觀測。高空氣象觀測的目的，在於獲取大氣層中地面至 30 公里高度垂直分布的氣象要素，如氣壓、氣溫、相對濕度、風向、風速等，以監測大氣的垂直穩定度和天氣系統的內部結構，並提供天氣預報上有關研判天氣系統之移動與發展的參考，對氣象預報工作非常重要。

三、雷達觀測

　　另有一種**氣象雷達**（Weather Radar，圖 5.6），利用電磁波遇到雲的粒子或雨滴會產生反射的特性，預測出一段距離以外的地點的天氣。氣象雷達當中，有一種名為「都卜勒氣象雷達」，利用物理學中物體和觀測者相對運動間的「都卜勒效應」，藉著偵測電波發射與反射回來電波的頻率差異，精細掌握雲層移動狀態。雖然氣象雷達能夠觀測的範圍有達數百公里，但是因為電波容易被建築物遮擋，因此大部分的雷達都設置在高山等較高處。

四、衛星觀測

126

　　近數十年藉著氣象衛星的遙感探測之助，更可準確地取得各地資料，得到相當精確的氣象觀測紀錄。利用不同波長的輻射在大氣中有不同穿透性的特質，對大氣「遙感探測」，可推算出大氣的各種氣象因子。圖 5.7 是由一些氣象觀測衛星所組成的全球觀測系統，它綜合了人造衛星的最重要優點，而且具有傳統觀測遠遠不如的特性：它完全不受時、空的限制，因此有可能成為未來大氣觀測的主要憑藉。

　　可見光及紅外線的衛星雲圖（圖 5.8）可以提供即時的雲系資料，對天氣研判也很有幫助。

小博士解說

氣象衛星觀測：
一般傳統氣象觀測範圍有限，而氣象衛星觀測卻可以偵測到更廣大的範圍。氣象衛星觀測是將感測儀器放置於衛星上，藉感應地表海洋、陸地、雲層所放射或反射的各種電磁波能量，經過儀器轉換為影像，即能顯示我們所常見的各種衛星雲圖，以為氣象預測判斷。衛星提供很多資料，如可見光雲圖、紅外線雲圖、水氣頻道影像、微波資料等，一般最常見的是可見光雲圖與紅外線雲圖。

高空氣象觀測

圖 5.5　氣象氣球

雷達觀測

圖 5.6　氣象雷達

衛星觀測

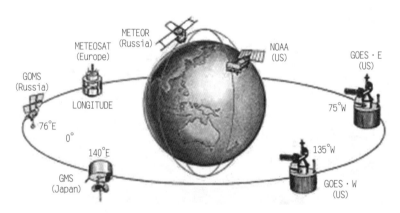

圖 5.7　全球觀測系統

◀圖 5.8　紅外線的衛星雲圖

Unit **5-2**
古代氣候資料的蒐集（間接證據）

　　更古老的時代雖然沒有直接紀錄可查，但可以依據間接證據來源測量（Proxy Measurement），如植被分布、積冰層的研究、樹木的年輪、海平面變化、冰川地質學等。

　　這些證據可分為以下幾個方面來論述：

　　1. **生物證據**：例如植被、樹木年輪、孢粉分析、昆蟲、珊瑚等方面。

　　2. **地質證據**：例如岩芯、鐘乳石、冰川、放射性元素定年、黃土、海平面變化等方面。

　　3. **低溫證據**：例如冰芯、冰期古生物等方面。

　　4. **歷史證據**：例如考古學研究。

　　這些證據，有些可證明近數千年的氣候變化，如樹木年輪、孢粉分析、冰芯等；有些則可確定近幾百萬年或更久前的氣候變化，如岩芯或冰川等。各種間接證據決定古代氣候原理，茲略述如下：

一、生物證據

1. 植被

　　植被的變化，反映了氣候的變遷狀況。如果氣候些微變動，而造成溫度和降水增加，將會使植物生長茂盛；反之，氣候急劇變化，則會導致植物死亡。

2. 樹木的年輪

　　樹木的年輪，指出其生長期間氣候條件，較寬年輪說明生長期間氣候濕潤，適合植物生長；較窄年輪說明生長期間氣候不佳，不利植物生長。

　　．**年輪氣候學**：年輪氣候學是根據樹的年輪研究古代氣候變遷的學科。

3. 孢粉分析

　　孢粉學是研究當代和化石植物孢子和花粉的學科，根據孢粉化石可分析古代植物種類的分布情況，不同種類的植物花粉形狀、結構、表面狀態均不同，在河流、湖泊、沼澤等不同時代的沉積層中所發現的花粉化石，說明了古代植物分布情況，由此可推測當時的氣候條件。

4. 昆蟲

　　在不同時期沉積物中經常發現昆蟲的化石，研究昆蟲種類的變化，也可以推測當時氣候條件的變化。

5. 珊瑚

　　珊瑚的生長速率與海水的溫度有關，夏天溫暖時，珊瑚生長較快；而冬天寒冷時，珊瑚生長則較慢。因此藉由珊瑚生長的紋層，我們也可知道古氣候的變化。

圖解氣候與環境變遷

古代氣候資料的蒐集（間接證據）

```
氣候資料間接證據
```

生物證據	地質證據	低溫證據	歷史證據
植被、樹木年輪、孢粉分析、昆蟲及珊瑚等	岩芯、鐘乳石、冰川、放射性元素定年、黃土及海平面變化等	冰芯、冰期古生物等	考古學研究

知識補充站

古氣候指標：

人類的氣溫紀錄是從有測溫儀器開始的，大概只有幾百年歷史，此前的氣溫都是透過「古氣候指標」（Paleoclimate Proxy）重建的，科學家通過多種方式來推斷古氣候的情況和變化，常用的指標有冰芯、年輪、珊瑚礁、花粉及沉積物岩芯等。

在使用古氣候指標時，要注意指標的時間範圍（Span）和解析度（Resolution）這兩個因素，因為各種指標都有其適用的時間範圍和解析度。例如，樹木年輪紀錄跨越時間範圍近幾千年，樹木生長過程中每一年輪的形成都受到當年及上一年氣候因素的綜合影響，這種影響使得樹木生長能夠有效記錄氣候資訊；因此如果要研究中世紀暖期（西元十至十四世紀），樹木年輪提供的數據就可能是非常有用的。冰芯紀錄具有高精度和連續性的特點，其時間尺度最長可達數十萬年，且時間解析度高。冰芯因在極地及中低緯度的高山區分布著大量的冰川，連續的冰層能夠提供過去氣候變化的豐富資訊。深海洋沉積物所定時間尺度較長，可達千萬年，但沉積物上部受到海流及生物砂穴（Burrow）干擾，沉積類型的短期趨勢可能隨著時間混合，因此其解析度只能分辨兩個世紀間不同的氣候，卻不能確定幾十年間氣候的不同。

以下是各種古氣候指標所指示時間範圍：測量儀器（百年）、歷史文獻（千年）、樹木年輪（萬年）、珊瑚（萬年）、鐘乳石（十萬年）、冰芯（五十萬年）、黃土（百萬年）、地表景觀（百萬年）、湖泊沉積物（十萬至百萬年）、海洋沉積物（千萬年）。各種古氣候指標所定的時間之解析度也各有不同，這裡就不作細述。

二、地質證據：例如海平面變化、冰川、岩芯、放射性元素定年等方面。

　　1. 岩芯

　　地球上有許多地質紀錄，可證明地球過去曾多次發生氣候的變遷。^{18}O 與 ^{16}O 之比值特別證明這一點：海水中含 ^{18}O 與 ^{16}O 兩種同位素，研究 ^{16}O 與其穩定同位素 ^{18}O 時發現，$^{18}O / ^{16}O$ 值的變化與過去海水的溫度有關。

　　一些動物性浮游生物例如有孔蟲（圖 5.9）生成時，其殼的成分為碳酸鈣（$CaCO_3$），因此當時海水的 $^{18}O / ^{16}O$ 比值被保存於有孔蟲殼的碳酸鈣成分中。只要適當完整的取得沉積物的岩芯，帶回實驗室分析（圖 5.10），即可測知 ^{18}O 與 ^{16}O 之比值，再換算沉積物形成時溫度。我們使用石鑽機取得深海沉積物的岩芯後，在岩石實驗室化驗岩芯中的 ^{18}O 與 ^{16}O 成分，即可測得如圖 5.11 中所示之結果，根據 $^{18}O / ^{16}O$ 值的變動，並可得知過去五十萬年海水溫度曾多次變化。與取得深海沉積物岩芯標本以測得沉積物形成時溫度同理，我們也可取得冰芯標本，在實驗室中化驗並決定冰芯形成時的溫度。

　　· $^{18}O / ^{16}O$ 值如何能推導過去海水溫度變化？

　　這是因 $^{18}O / ^{16}O$ 值的變化與過去海水的溫度有關，^{18}O 原子比 ^{16}O 原子重，要使 ^{18}O 的水分子從海洋表面蒸發，需要較多的能量。因此天氣越冷，海水中含 ^{18}O 的水分子越難得到能量蒸發，並且空氣中含 ^{18}O 的水分子也較容易凝結降雨，結果有更多較重的 ^{18}O 留在海水中，使海水中 $^{18}O / ^{16}O$ 值升高。海水中的 ^{18}O 與 ^{16}O 均被完整保存於深海沉積物──有孔蟲（動物性浮游生物）的殼中（成分是碳酸鈣）。我們藉岩心鑽探技術取得深海沉積物的岩芯後，在岩石實驗室化驗出岩芯中 ^{18}O 與 ^{16}O 之比例，即可測得古代氣溫變化。

小博士解說

深海岩芯取樣：

要取得海洋古氣候記錄，就需要作深海岩芯取樣，一般深海岩芯取樣的方法是使用重力或旋轉活塞的方式，將岩心器鑽入上層海洋沉積物內，取得一段不受擾動的沉積物岩芯。將此岩芯帶回實驗室內剖成兩半，一半保留存查，一半作為各種地質及古氣候研究。

海底的地質岩芯可用來推算海洋古氣候，海底沉積物內因含著許多微體化石，富含碳酸鈣成分，藉由這些碳酸鈣成份中 $^{18}O / ^{16}O$ 值的變化，可以解讀出當時的氣象資料，如此便能取得廣泛區域的海洋古氣候。

圖解氣候與環境變遷

岩芯分析

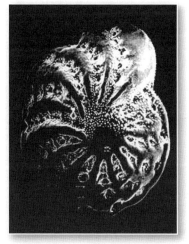

圖 5.9　有孔蟲化石

岩芯經過實驗分析，可得過去百萬年海水溫度變化。

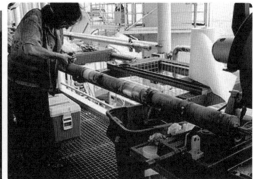

圖 5.10　取沉積物岩芯並帶回實驗室分析

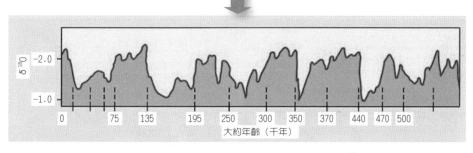

圖 5.11　岩芯記錄著過去五十萬年海水溫度的變化（$\delta^{18}O$ 顯示海水冷熱）

2. 鐘乳石（Stalactites）

洞穴鐘乳石每年都會生成微層，就像是樹木的「年輪」一般，可以據此推論過去氣候變遷的過程。科學界採用鐘乳石微層年輪計數法作為氣候變遷計算基礎，透過這些紋層推估古代氣溫或其他氣候表現，採集鐘乳石標本，帶回實驗室中分析即可決定鐘乳石形成時的溫度（圖 5.12），鐘乳石可記錄約數萬、數十萬年之氣候變化。

3. 冰川證據

地表曾發生多次冰期，當冰期發生時地表溫度下降，南北極的冰被快速擴張，留下許多特殊地形作為冰期發生證據，如冰磧物、漂礫、冰峽、條痕等，這些地形形成原因解釋如下。

(1) 冰磧物（Till）：沉積物直接由溶冰沉積而成，稱為冰磧物（圖 5.13），它沒有經過淘選作用，故多為不規則型並含有大小顆粒不同的碎石與泥土。

(2) 漂礫（Erratic Boulders）：是冰川後退時所留下巨大的礫石（圖 5.14）。

(3) 冰峽（Fiord）：冰川切割岩壁所形成的古冰谷，多為 U 形峭壁（圖 5.15）。

(4) 條痕（Striation）或刻槽：冰川的底部摩擦冰谷，如同砂紙作用於硬石壁上，留下了細而平行的刮痕，稱為條痕，條痕顯示了古冰川的流動方向（圖 5.16）。

4. 黃土

古氣候變化也顯示於黃土地層，它是由許多黃土和古土壤層疊聚而成。黃土代表著乾冷氣候條件下的塵土堆積，古土壤則是在溫濕氣候環境下發育形成，黃土地層詳細地記錄了第四紀以來的古氣候變化。

5. 海平面變化

用檢潮儀可以檢測海平面的變化情況。現在常用高度計和人造衛星軌道結合測量海平面的變化，海平面的漲落是大氣溫度變化和冰川融化造成的。

小博士解說

上次冰期以來的古氣候：

要了解上次冰河時期以來的古氣候，就需要古氣候的地質紀錄，包括：陸地、海洋，熱帶、溫帶和寒帶的古氣候紀錄。陸地古氣候紀錄多數來自溫帶和寒帶的冰層、鐘乳石和植物年輪等，而海洋古氣候記錄則多數來自深海岩芯的有孔蟲及珊瑚礁的紀錄。

鐘乳石

圖 5.12　鐘乳石採集

鐘　乳　石

成分為碳酸鈣，如同樹木的年輪，鐘乳石每年都會生成微層，透過這些紋層可推估生成當時的氣溫。採集鐘乳石標本，在實驗室中分析即可決定其形成時的溫度。

冰川證據

133

圖 5.13　由冰川沉積而成的冰磧物

圖 5.14　加拿大 Calgary 原野上有冰川留下的漂礫

圖 5.15　紐西蘭上一次冰期所造成的冰峽

圖 5.16　條痕是古冰川底部的刮痕

三、低溫證據

1. 冰芯

　　與用岩芯標本測得沉積物形成時的溫度同理，我們也可取得冰芯標本，在實驗室中決定出冰芯形成時的溫度。

　　對冰芯鑽探分析，例如對南極冰層的分析，可以發現大氣溫度和海平面的歷史變化情況。對封凍在冰層氣泡中的氣體進行研究，也可以發現歷史上大氣的二氧化碳含量變化情況，對研究古代和現代大氣狀態的區別提供了非常有價值的信息，圖 5.17 中每公尺冰芯約記錄了過去五百年海水溫度變化。

　　南極沃斯托克站（Antarctic Vostok）的冰層研究，檢測出過去四十五萬年中二氧化碳、溫度和灰塵變化情況。圖 5.18 顯示過去四十五萬年中明顯的冰期和間冰期循環，最近一次間冰期已經延續了約一萬一千七百年，表現在陸地的冰蓋變化和海平面的漲落。（資料來源：http://zh.wikipedia.org/wiki/ 氣候變遷）

2. 冰期古生物

　　冰期古生物證據包括化石的地理分布變化。在冰川時期，適應寒冷的生物體擴散到較低緯度地區，喜歡溫暖環境的生物滅絕或移棲低緯度地區。這方面的證據很難尋找，因為它要求沉積物按序列積很長的一段時間，並且需要在廣泛的緯度中存在這些沉積物。如果古代生物生活了幾百萬年沒有改變，那麼透過分析它們的化石分布確定溫度比較容易；但是找到有關化石並不容易。儘管有這些困難，分析冰芯和沉積物仍是分析過去幾百萬年是否處於冰川時期的較佳方法。

四、歷史證據：考古學研究

　　從古代人類分布、農業生產的方式、考古學的發現、口頭傳說及歷史的文獻，多少可以找到一些歷史上有記載的氣候變遷，有些氣候變遷曾造成古文明的毀滅。例如中美洲馬雅文化及中國歷史中樓蘭城的神秘消失，都可能肇因於氣候變遷。雖然這些考古學資料因年代久遠、資料有限及部分損壞，查證都非常困難，卻也常是推測古代氣候所能蒐集的唯一間接證據。

小博士解說

樓蘭王國的神秘消失：
樓蘭是中國西部的一個古代小國，國都為樓蘭城（遺址在今中國新疆羅布泊西北岸）。樓蘭名稱最早見於《史記》，曾經為絲綢之路必經之地，但在西元六百三十年卻突然神秘地消失，只留下了一片廢墟靜立在沙漠中，引起後人許多遐想。樓蘭王國神秘消失之謎至今仍沒有答案，一種說法是由於氣候變遷，沙漠化加劇，以致羅布泊枯竭，自然環境的變化使得樓蘭不再適合居住，但真相如何還需要考古學家進行考證。

圖解氣候與環境變遷

冰芯證據

圖 5.17　每公尺冰芯記錄五百年海水溫度變化

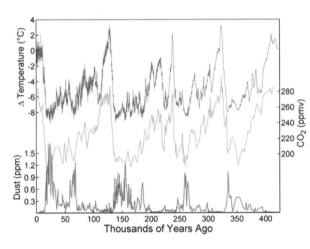

　由冰芯分析可發現古代氣溫變化，圖中南極沃斯托克冰層研究檢測出過去四十五萬年中二氧化碳、溫度和灰塵變化情況，顯示幾次冰期和間冰期循環，最近的一次間冰期已經延續了約一萬一千七百年

135

圖 5.18　過去四十五萬年中二氧化碳、溫度和塵埃的變化情況

冰期古生物證據證據

尋找冰期古生物證據，需要以下條件

①沉積物按序列沉積很長的一段時間，並在廣泛的緯度中存在這些沉積物

②存在幾百萬年的古代生物沒有改變，其溫度的偏好較容易診斷

③發現相關冰期古生物化石

第 6 章

氣候變遷的機制

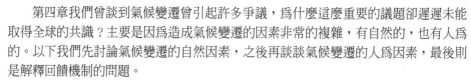

Unit **6-1**
氣候變遷的自然因素

氣候變遷是什麼原因導致的？

　　第四章我們曾談到氣候變遷曾引起許多爭議，為什麼這麼重要的議題卻遲遲未能取得全球的共識？主要是因為造成氣候變遷的因素非常的複雜，有自然的，也有人為的。以下我們先討論氣候變遷的自然因素，之後再談談氣候變遷的人為因素，最後則是解釋回饋機制的問題。

　　影響氣候變化的因素來自多方面，包括太陽輻射、地球運行軌道變化、造山運動、溫室氣體排放等。由於地表許多間接影響氣候的因素反應較慢，如海洋溫度變化，冰山融化等，所以氣候變遷相對直接影響氣候的因素變化來說，可能要等上好幾個世紀，甚至更長的時間才能顯現出來。

一、大陸漂移

　　大陸漂移的結果，造成陸地、海洋位置和面積的變化，不僅影響全球大氣環流，也產生全球或區域性的氣候變化。地表上大陸漂移不斷進行，最近一次六大洲相連發生於兩億年前，然後陸續漂移至現在位置（圖 6.1）。大陸漂移來自地表板塊構造的運動特性，地表由許多板塊構成，其下為具流動性質的軟流圈，軟流圈的對流帶動板塊運動，因而形成地震、火山、造山運動及沉積環境。以下就此分述之。

　　1.大陸漂移，影響了水陸的分布，從而影響氣候，例如大氣對流和洋流的變化。海洋的位置對全球的熱量轉換有重要的作用，因此對全球氣候有影響。
　　2.地貌狀態也能影響氣候變化，造山運動形成了山脈，山的存在會影響降水。隨著地勢增高，會在山麓一側形成地形雨；高山雪線以上終年積雪形成高山冰川，也使山區在不同高度有不同的動物植物群落，形成高山的生態系統。
　　3.大陸的面積對氣候影響大，因為海洋熱容量大，溫度變化相對大陸較為穩定，沿海地區的年氣溫變化比內陸為小，大陸的季節性溫度變化比沿海地區大得多。

二、　洋流變化

　　海洋是氣候系統的組成部分，長期來說，海洋中的溫鹽環流是海洋深層的緩慢水流，對海洋中熱量的重新分布產生了決定性的作用，圖 6.2 是簡化的北大西洋深層水流動循環圖，圖中示意北大西洋溫鹽環流的變化。

大陸漂移

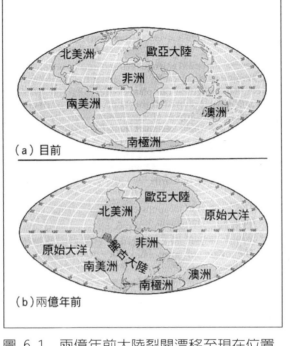

圖 6.1 兩億年前大陸裂開漂移至現在位置

洋流變化

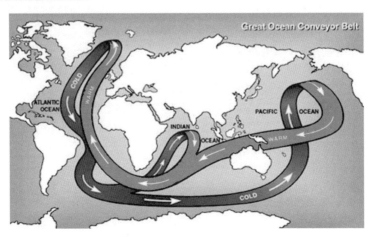

圖 6.2 簡化的北大西洋深層水流動循環圖,深色部分為海底的寒流,淺色部分為海面的暖流

三、 太陽照射

有一部分學者認為太陽的活動也是促使近來溫室效應的部分原因,他們從個別的研究中指出,過去幾十年氣溫的改變,有 10 至 30% 可能來自太陽輻射的增加。

1. 太陽輻射

根據太陽黑子中鈹的同位素變化,推測出最近幾個世紀太陽輻射的變化情況(圖 6.3)。太陽是地球最主要的外來能源,但太陽短期的輻射變化,如黑子活動十一年一個週期,和更長一些的二十多年輻射變化週期,都可能影響地球氣候。十一年的週期變化會對平流層的氣溫產生約 1.5℃ 的影響,使高緯度更冷、低緯度更熱。可能是由於赤道附近輻射增強,造成將平流層熱風向對流層驅逐,根據從 1900 年到 1950 年氣溫變化的觀察,也許這正是小冰河時期出現的原因。太陽輻射的變化,現在尚未研究透澈,但這種變化是會隨著太陽的年齡改變,有的研究認為全球變暖和太陽的輻射變化也有關。

然而近三十年太陽輻射變化似乎看不出有明顯增加的趨勢(圖 6.4)。太陽輻射週期性的變化受到太陽黑子的支配,太陽黑子是太陽表面一種熾熱氣體的巨大漩渦,溫度大約為攝氏 4,500 度。因為太陽表面溫度為攝氏 5,000 度,太陽黑子的溫度比太陽表面溫度低,所以看上去呈深暗色的斑點。太陽輻射根據太陽黑子的活動作週期性的變化,因為近三十年太陽黑子的活動並未顯示任何異常(圖 6.4),因此持太陽輻射造成溫室效應的觀點仍不夠具說服力。

小博士解說

太陽輻射變化:

有些人認為地表的氣溫變化是由於太陽輻射變化,因為太陽輻射是地表能量的主要來源。太陽輻射為太陽內部核融合反應所產生的能量,經由電磁波傳遞到各處的輻射能。太陽輻射發出的電磁波覆蓋了很寬的波長範圍,但其能量主要分布在紫外線、可見光和紅外線。太陽輻射在穿越地球大氣層時,部分被散射及反射,只有 70% 能夠進入地表及大氣層。陽光照射地表一段時間,地表會被加熱而放射熱能被大氣吸收,因此太陽輻射是地球主要的光和熱來源。

近年來太陽輻射經過長期觀測,如圖 6.3 與 6.4 所示,並無明顯變異,因此地表的增溫趨勢可能來自其他因素。

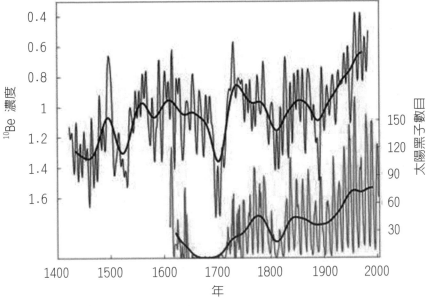

圖 6.3　太陽輻射的變化

太陽活動週期變化

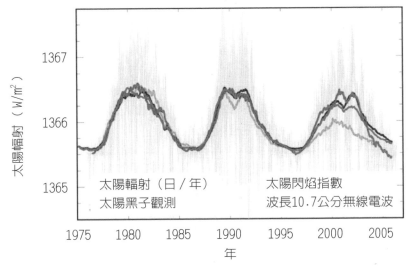

圖 6.4　過去三十年太陽輻射變化未見增加趨勢

2. 地球運行軌道變化

地球的運行軌道只要有輕微的變化，就會影響到太陽輻射在地球表面上的分布，雖然對地球的年平均接受輻射量影響不大，但對地區性和季節性的輻射量可能有很大影響。

地球的運行軌道有三種變化：(1) 運行軌道的橢圓度、(2) 地軸傾角、(3) 地軸的進動（圖 6.5）。這三種變化結合形成**米蘭科維奇循環**（Milankovich Cycles），可能是地球產生冰河時期和間冰時期的主要原因。所謂進動，是指物理學上陀螺般繞著中心轉動的現象。地球自轉軌道軸心傾斜，其本身一如陀螺般繞著中心轉動（呈角度 $22° \sim 24.5°$），即物理學上的進動現象，在天文學上此現象為**歲差**（Precession），歲差之週期為兩萬六千年，與冰期之週期略為相近，歲差會影響地球受熱的多寡，所以可能與冰期及間冰期的發生有關。

四、 火山活動

火山活動是由於地球的地殼和地幔之間新陳代謝運動所造成的，火山噴發會向大氣噴出氣體和火山塵（圖 6.6）。火山在歷史上每個世紀平均都會發生幾次噴發，並且影響幾年的氣候變化。火山塵會阻斷太陽輻射，造成氣溫下降，1991 年的皮納圖博火山噴發使得全球氣溫下降了大約 0.5℃；1815 年的坦博拉火山火山噴發，造成無夏之年。相當大規模的火山噴發，每隔億年雖然只出現幾次，卻有可能造成全球變暖和大規模的物種滅絕。火山噴發還影響到碳循環，將地殼和地幔中的碳以二氧化碳的形式釋放到大氣中，然後又沉積到地層中。

小博士解說

地球軌道變化：

有些人認為地表的氣溫變化是來自地球軌道變化，太陽輻射是驅動大氣環流的主要能量來源。地球軌道的變化，如：太陽與地球間距離、太陽輻射入射角的改變，均影響地球所吸收到的太陽輻射能量。

米蘭科維奇 1930 年的地球「軌道偏心說」，提出影響太陽輻射的三個主要因素：地球公轉軌道的偏心率變化（Eccentricity）、地軸的傾角（Obliquity）及歲差（即進動，Precession）。歲差就是指地球自轉軸繞中心旋轉，如陀螺般進動的現象，其週期大約是兩萬六千年左右，因為此週期與冰期間隔時間接近，因此歲差可能就是產生地表冰期與間冰期原因。

圖解氣候與環境變遷

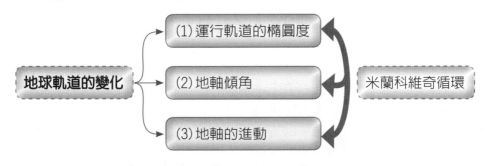

地球軌道變化

地球軌道的變化 → (1) 運行軌道的橢圓度

地球軌道的變化 → (2) 地軸傾角 ← 米蘭科維奇循環

地球軌道的變化 → (3) 地軸的進動

143

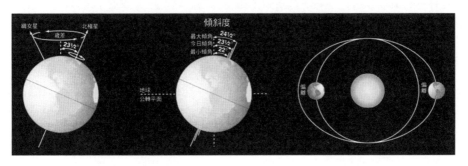

圖 6.5　地球自轉軌道軸的歲差，影響地球受熱的多寡，可能與冰期的形成有關

火山活動

◀ 圖 6.6　火山噴發時，大量氣體被釋放於大氣，影響氣候變化

Unit 6-2
氣候變遷的人為因素

圖解氣候與環境變遷

一、人為因素

　　大多數科學家相信，近年來的氣候變遷主要是人為因素造成的，近一百年全球氣溫不斷上升，應該是受到人為因素的影響。自十八世紀始，蒸汽機被發明與製造，整個世界進入煤能源時代，人類開始燃燒化石燃料並排放溫室氣體至大氣層中，二十世紀初大油田的發現與內燃機的使用，加速了化石燃料的使用與溫室氣體的排放，此外大量林木的清理和耕作等等，都增強了溫室效應，以下是導致近年來氣候變遷的機制。

二、溫室效應

1. 認識光譜

短波輻射與長波輻射的比較：

(a) 任何一種光線或熱能都可看作是一種波的輻射，其波長的範圍如圖 6.7。

(b) 太陽光的輻射是一種短波輻射，其輻射範圍包括：紫外線（0.2 至 0.4 微米）、可見光（0.4 至 0.7 微米）及紅外線（0.7 至 4 微米）等。

(c) 當陽光照射地表一段時間後，地表被加熱而放射熱輻射或稱長波輻射，波長為 4 至 100 微米。

(d) 長波輻射被大氣中的氣體如、臭氧（O_3），水蒸氣、甲烷（CH_4）、氟氯碳化物（CFC_S）、氧化亞氮（N_2O）及二氧化碳（CO_2）吸收。

小博士解說

大氣的溫室效應：

假設大氣層不存在，地表接收的太陽短波輻射等於從地表放射出去的長波輻射，則地球平均溫度約為 $-18°C$。然而因為有大氣層存在，大氣中溫室氣體會吸收長波輻射，使地表的平均溫度約為 $15°C$。

大氣中主要構成氣體為氮氣與氧氣，但它們不是溫室氣體，因它們對熱能是透明的（不吸收紅外線）。二氧化碳雖然現今只占大氣比例之 0.0407%（407 ppm），卻是一種相當重要的溫室氣體，因為當紅外光經過二氧化碳時，氣體分子振動頻率與紅外光頻率相近，故此氣體分子會產生共振而被加熱，這正如冬日室內人群聚集時會漸感溫暖，因他們所呼出的二氧化碳會吸收熱能。除了二氧化碳外，甲烷、氧化亞氮、氟氯碳化物、水蒸氣都能吸收部分紅外光，這些皆是重要的溫室氣體，使大氣得以吸收熱能。

人為因素造成的氣候變遷

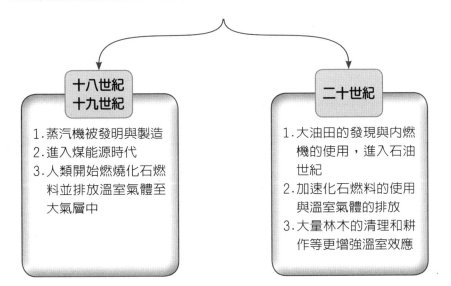

十八世紀 十九世紀
1. 蒸汽機被發明與製造
2. 進入煤能源時代
3. 人類開始燃燒化石燃料並排放溫室氣體至大氣層中

二十世紀
1. 大油田的發現與內燃機的使用，進入石油世紀
2. 加速化石燃料的使用與溫室氣體的排放
3. 大量林木的清理和耕作等更增強溫室效應

認識光譜

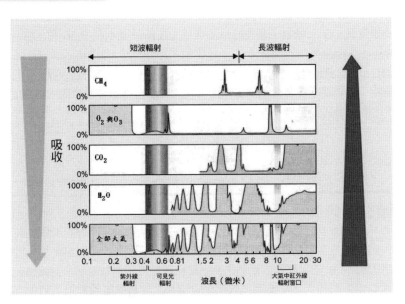

圖 6.7　認識光譜的結構

2. 溫室效應

當陽光照射地表一段時間後，地表被加熱而放射熱輻射（紅外線輻射）或稱長波輻射，波長在 4 至 100 微米之間（圖 6.7）。長波輻射幾乎全部被大氣中的溫室氣體如二氧化碳，甲烷、氟氯碳化物、水蒸氣及微塵等吸收，只有在波長在 10 至 12 微米間的長波輻射例外，可視爲紅外線大氣窗戶（圖 6.7），因此將一部分熱能洩釋於外太空中。溫室氣體吸收熱能使大氣變暖的現象，便稱爲**溫室效應**（Greenhouse Effect，圖 6.8）。

溫室效應是決定地球溫度的主要因素之一，因爲大氣中的某些氣體（**溫室氣體**，Greenhouse Gas, GHG）留住了本來會溢散到外太空的熱能，得以維持地球的溫暖，氣溫紀錄顯示，過去一百多年多來全球平均氣溫增加約 0.8℃（圖 6.9）。

人爲排放的溫室氣體造成的溫室效應，一直到二十世紀中葉才被人注意，美國 Scripps 海洋研究所的羅傑·芮維爾教授（Roger Revelle）是首先體認溫室氣體造成大氣增溫的科學家之一，他在夏威夷的莫納羅亞火山上設立了觀測站，從 1958 年起忠實地記錄了近地表大氣層每日二氧化碳濃度，這些紀錄強烈證明大氣中二氧化碳大幅增加的事實（圖 6.10），從 1958 年的濃度百萬分之二百八十增至 2005 年的百萬分之三百八十一，每年增加約百萬分之二（圖 6.10）。根據芮維爾教授的研究，二氧化碳的增加反映了約百分之六十三的溫室效應。

地球上大部分的熱能主要是由陽光的輻射而來，但它不是直接加熱大氣。太陽光的輻射是一種短波輻射，其輻射範圍包括紫外線（波長 0.2 至 0.4 微米）、可見光（波長 0.4 至 0.7 微米）及紅外線等。當陽光穿射過大氣時，少部分短波輻射熱能被吸收，例如臭氧（O_3）吸收了紫外線以及可見光波長在 0.4 至 0.56 微米部分光譜，水蒸氣吸收了少部分幾段波長在 0.7 至 4.0 微米部分光譜，此外二氧化碳（CO_2），甲烷（CH_4）、氟氯碳化物（CFC_S）及氧化亞氮（N_2O）等氣體也吸收了少部分太陽輻射的熱能。輻射熱能被各種氣體選擇性吸收的現象稱爲選擇性吸收，這可能與各種氣體分子內部結構有關（圖 6.7）。

小博士解說

各種溫室氣體影響比較：

與二氧化碳相比，甲烷、氧化亞氮、氟氯碳化物等氣體的溫室效應更高。比如，一個甲烷分子的溫室效應是一個二氧化碳分子的 28～36 倍，氧化亞氮爲二氧化碳的 300 倍，氟氯碳化物則爲二氧化碳的數千至數萬倍，且氟氯碳化物可在大氣中停留數百年。惟因二氧化碳含量遠大於其他氣體含量，致使二氧化碳的溫室效應仍是最大的。二氧化碳、甲烷、氧化亞氮、氟氯碳化物等溫室氣體對大氣溫室效應的比例分別爲 76%、16%、6%、2%（IPCC, 2014）。

溫室效應

部份熱能逃離地球

部份入射太陽輻射被雲所阻

被二氧化碳捕捉之熱能，之後可再輻射回大氣。

O=C=O

熱被玻璃所阻

O=C=O

部份紅外線被二氧化碳、水蒸氣與其他氣體捕捉。

溫室

〰〰〰⤳ 入射光
〜〜〜⤳ 入射光
〜〜〜⤳ 紅外線輻射（熱）

◀ 圖 6.8　溫室效應

溫室氣體：二氧化碳

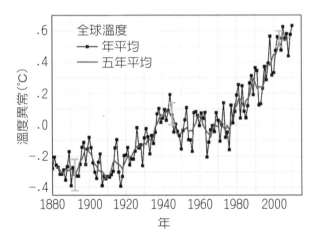

全球溫度
—■— 年平均
—— 五年平均

溫度異常（℃）

◀ 圖 6.9　過去一百多年多來的氣溫紀錄（取自 Hansen 等人，2006），0℃ 基準線係指於 1951～1980 年期間

▶ 圖 6.10　羅傑·芮維爾教授忠實記錄了五十年來近地表大氣層二氧化碳濃度逐年增加，二氧化碳造成 55% 的溫室效應

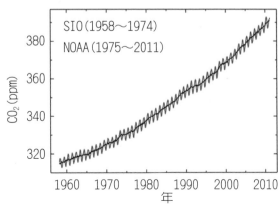

SIO（1958～1974）
NOAA（1975～2011）

CO_2 (ppm)

年

3. 溫室氣體

以上所述溫室氣體有水蒸氣、二氧化碳、臭氧、甲烷、氟氯碳化物、氧化亞氮（N_2O）等，溫室氣體占大氣比例不足 1%，但氮氣、氧氣、氬氣等對熱輻射都是透明的，只有溫室氣體會吸收熱能，其中二氧化碳造成的溫室效應約占 76%，氟氯碳化物 2%，甲烷 16%，氧化亞氮 6%（IPCC, 2014）。

各種氣體的溫室效應細述如下：

(1) 二氧化碳

二氧化碳（CO_2）是一種重要溫室氣體，所產生的溫室效應大約占整體溫室效應的 76%。二氧化碳在大氣中形成一個循環，藉著火山活動、生物體的呼吸、燃燒化石燃料及植物的分解等過程，二氧化碳被釋放於大氣中（圖 6.11）。二氧化碳在植物的光合作用中被吸收，亦可溶解於海洋中（約 50 倍於大氣），或在海水中與一氧化鈣結合沉澱爲碳酸鈣。一般二氧化碳的化學反應式如下：

$C + O_2 \rightarrow CO_2$（燃燒）

$CaO + CO_2 \rightarrow CaCO_3$（碳酸鈣）

148

小博士解說

二氧化碳排放主要來源

二氧化碳的排放分為自然的和人為的因素，自然的因素如以上所述，而人為的因素包括：森林腐朽、土地利用及來自化石燃料（如煤、石油和天然氣）的燃燒。根據 IPCC 所作的第五次評估報告，2010 年二氧化碳的排放占大氣溫室效應的 76%，其中 11% 來自森林腐朽及土地利用，65% 來自化石燃料的燃燒 (IPCC, 2014)，2011 年光是化石燃料燃燒就排放了 332 億公噸的二氧化碳至大氣。

化石燃料中排放最多二氧化碳的是煤，約占二氧化碳排放的 43%，其次為石油 36% 及天然氣 20%。化石燃料的使用主要是電力、運輸和工業。以 2010 年為例，電力及運輸，排放了全球約三分之二的二氧化碳至大氣，工業製造排放約占 20%。

以上數據說明，化石燃料的燃燒仍是二氧化碳排放的主要來源；因此除非人類立刻改變能源使用結構，減少煤、石油和天然氣等非再生能源的使用，否則難以遏止二氧化碳排放至大氣的趨勢，以 2015 年為例，煤、石油和天然氣消耗仍占全球總消耗能源的 29.01%、32.82% 與 24.16% 等高比例（BP, 2016），可見二氧化碳排放趨勢短期內難以改變。

二氧化碳循環

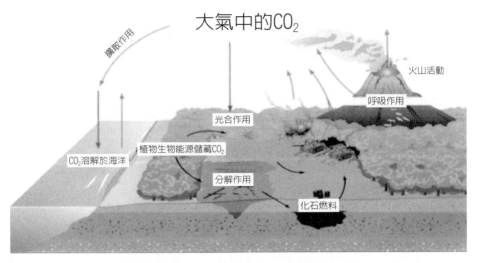

大氣中的CO$_2$

擴散作用

火山活動

呼吸作用

光合作用

CO$_2$溶解於海洋

植物生物能源儲藏CO$_2$

分解作用

化石燃料

圖 6.11　大氣中的二氧化碳循環

知識補充站

大氣中二氧化碳濃度突破 400 ppm：

美國國家海洋暨大氣管理局（NOAA）於 2015 年 5 月宣布，全球大氣中二氧化碳濃度已經於 3 月份突破 400 ppm（ppm 表示濃度單位為百萬分之一）。

根據來自冰芯的資料和相關分析，上一次全球範圍內大氣中二氧化碳濃度超過 400 ppm 發生在距今約四百五十萬年前，過去八十萬年的高精度二氧化碳濃度曲線，未曾超過 300 ppm，且過去二十多萬年二氧化碳濃度均維持在 180 至 280 ppm 間。

在十九世紀中葉工業革命開始之前，大氣中二氧化碳濃度多在 280 ppm 左右，隨後由於化石燃料的大量燃燒而迅速上升，根據 NOAA 在夏威夷莫納羅亞火山上觀測站的觀測，在 1950年代每年升高 0.7 ppm，1980 年以來更大幅增加，近十年來加速到每年升高 2.1 ppm，使大氣中二氧化碳濃度終於突破 400 ppm（圖 6.10）。照此增加速率，2050 年前二氧化碳濃度就會達到 450 ppm，並使全球均溫的上升幅度超過攝氏 2 度。大氣中二氧化碳濃度超過 400 ppm 雖然不是標示氣候災難的臨界點，但卻是全球暖化過程中一個具有重要象徵意義的事件。

(2) 甲烷

甲烷（Methane），最簡單的烴（碳氫化合物），化學式 CH_4，在標準狀態下是無色氣體。一些有機物在缺氧情況下分解時所產生的沼氣，其實就是甲烷。

甲烷是天然氣的最主要成分，是一種很重要的燃料。同時它也是一種溫室氣體，其全球暖化能力比二氧化碳高 21 倍。近年來，大氣中的甲烷是逐年增加（圖 6.12），所以也是一個重要的溫室氣體，甲烷可能來自以下這些來源：

(a) 有機物質的腐化分解
(b) 天然源頭如沼澤等產生氣體
(c) 化石燃料成分
(d) 動物（如牛）的消化過程
(e) 稻田之中的細菌
(f) 生物物質缺氧加熱或燃燒
(g) 凍土解凍釋放出大量甲烷

(3) **氟氯碳化物**

氟氯碳化物（Chlorofluorocarbons, CFCs）是一種在空調與冰箱中作為冷媒用的物質，由於空調與冰箱使用中常有漏氣現象，這些氣體被釋放於大氣中，並且不容易分解，它們可在大氣中停留一百年。過多的氟氯碳化物使大氣中的臭氧層受到破壞，造成臭氧層的破洞。

(4) **氧化亞氮**

氧化亞氮（N_2O），係由燃燒石化燃料、微生物及化學肥料分解所排放。

(5) 水蒸氣

水蒸氣也是一個重要溫室氣體，所產生的溫室效應大約占整體溫室效應的 60~70%。

(6) 大氣中的懸浮微粒（Aerosol）

懸浮微粒（Aerosol）是指飄浮在空氣中的微小顆粒（直徑在 0.001～10μm 之間）的總稱，有自然及人造的。

‧自然懸浮微粒有火山灰、**塵灰**（Soil Dust：大部分產自沙漠地區）、**海鹽懸浮微粒**（Sea Salt Aerosol）等。

‧人造懸浮微粒有工業灰塵（大多為燃燒不完全產生的雜質）、煤煙、**硫酸鹽**（Sulfate）及**硝酸鹽**（Nitrate）懸浮微粒等。懸浮微粒吸收輻射，也散射太陽輻射。

在懸浮微粒存在的高度，氣溫可能升高，其他區域則變冷。

溫室氣體：甲烷

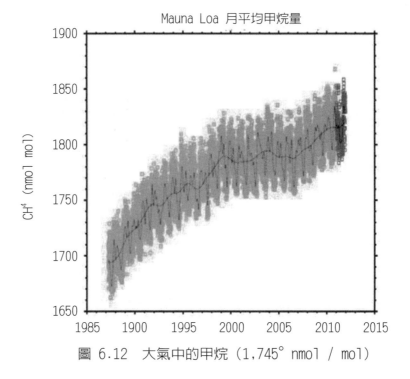

Mauna Loa 月平均甲烷量

圖 6.12 大氣中的甲烷（1,745° nmol / mol）

甲烷的全球暖化能力比二氧化碳高 21 倍，造成約 15% 的溫室效應，它主要的來源有：

(1)有機廢物的分解
(2)天然源頭（如沼澤）：23%
(3)化石燃料：20%
(4)動物（如牛）的消化過程：17%
(5)稻田之中的細菌：12%
(6)生物物質缺氧加熱或燃燒
(7)凍土解凍釋放出大量甲烷

Unit **6-3**
回饋機制

　　除了上述氣候變遷的自然因素及人為因素外，大氣增溫的機制又受到另一個機制影響，即大氣的**回饋機制**（Feedback Mechanism）。此機制可能是將起初大氣溫度改變現象予以加強，稱為**正回饋機制**（Positive Feedback Mechanism），也可能是將起初大氣溫度改變現象予以減弱，稱為**負回饋機制**（Negative Feedback Mechanism），茲分述於下：

一、正回饋機制

　　有一些自然現象是屬於正回饋機制，例如水的蒸發、冰的反射、溫室氣體等，今解釋如下。

1. 水的蒸發

　　水的蒸發作用是一種正回饋機制，地球的大氣與海洋本來在一個平衡狀態中，其平衡受密度、溫度、壓力等因素的支配，全球暖化使得海洋的溫度增高，因此有更多的水分子得到能量蒸發成水蒸氣，水蒸氣是主要的溫室氣體，因此又回饋大氣的溫室效應，使得溫室效應的效果更為加劇（圖 6.13）。

2. 冰的反射（Ice-albedo）

　　冰的反射作用是另一種正回饋機制，圖 6.14 說明這個機制，當地球變冷，南北極的冰被面積增加，地表比之前反射更多日光，減少了地球從太陽光所能取得的熱能，因此地球變得更冷。反之亦然，當地球變熱，南北極的冰被面積減少，更多的陽光被海水吸收，地球變得更熱。因為冰的反射作用是一個正回饋機制，因此接近極區的暖化作用增強，一般說來，接近極區的暖化效應是全球平均值的 3 倍。

小博士解說

極區放大：

由於冰反射作用的正回饋機制，使接近極區暖化的現象比其他地區高出許多，稱為極區放大（Polar Amplification）現象，例如自 1989 年以來，北極升溫超過 2°C，比全球的平均 0.5°C 高出許多，是全球暖化最劇烈的地區。從衛星海冰影像顯示，北極海海冰範圍已大為縮減。由於極區放大現象，冰川、海冰及凍土都受到氣候變遷極大衝擊，相關細節請見第八章。

回饋機制

> **回饋機制**：使大氣增溫或變冷現象增強或減弱功能，稱為回饋機制
> **正回饋機制**：使增溫或變冷現象加強，如水的蒸發與冰的反射作用

水的蒸發

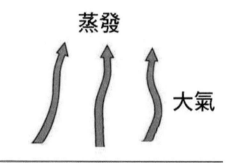

圖 6.13　水的蒸發使溫室效應的效果更為加劇

水的反射

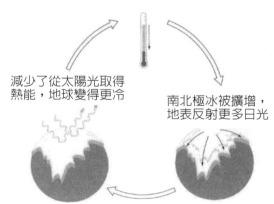

圖 6.14　冰的反射作用是一種正回饋機制

二、負回饋機制

　　與上述現象相反的是負回饋機制，負回饋機制會減弱氣溫改變的的趨勢。例如光合作用就是一種負回饋機制，當大氣中的二氧化碳濃度增多，因植物是藉光合作用吸收二氧化碳與水製造糖並釋出氧氣，故二氧化碳增多有利於植物的生長，更多植物的生長就產生更多光合作用，吸收更多大氣中的二氧化碳，使得大氣中的二氧化碳濃度減少，抵制了起初大氣中二氧化碳濃度增多的趨勢，所以這是一個負回饋機制（圖6.15）。

‧植物對調適氣候的重要性

　　森林約占全球的陸地面積的 35%，樹木生長時行光合作用，吸收大氣中的二氧化碳轉換爲碳水化合物，並且釋放氧氣，所以森林對調適地球的氣候至關重要。森林生長製造一噸的碳水化合物，將吸收 1.6 噸的二氧化碳，釋放 1.2 噸的氧氣，因此利用森林吸收大氣中過多的二氧化碳，是抑制全球暖化的重要工具，不當的森林砍伐與利用，也是加速暖化的幫兇。

三、雲的回饋機制

　　雲的回饋機制對地表氣溫變化有很大的作用，但它是比較複雜的，雲可以反射，也可以吸收陽光的能量。

(1) 從雲層上方來看，雲層頂反射陽光並放射熱輻射至太空（圖 6.16），所以當雲層密布時，大部分陽光的能量被反射而使地表變得涼爽，可視爲負回饋機制。但從雲層下方來看，雲層也可放射熱輻射至地表使地表變得溫暖（圖6.16），可視爲正回饋機制。

(2) 由此看來，雲的回饋有正負兩種機制，它們的淨效果是正或負，完全取決於雲層的高度和型態，雲的回饋對地表溫度的變化影響是很大的。

小博士解說

凍土解凍的正回饋機制：

永久凍土的解凍也是一個重要的正回饋機制，它使全球暖化作用加劇。凍土覆蓋了全球陸地面積的 20%，其下數十公尺深的表層土壤中，儲存了大量的碳，因此凍土解凍時釋放出大量的甲烷，而甲烷暖化效應是二氧化碳的 21 倍。例如西西伯利亞是世界上最大的泥炭沼澤，形成於上一個冰期約一萬一千年前，占地區域約一百萬平方公里，在未來的幾十年內，因凍土的逐漸解凍，西西伯利亞可能釋放出近700億公噸的甲烷，將使全球暖化現象更為嚴重，相關細節請見第八章凍土的變化一節。

負回饋機制

負回饋機制：使增溫或變冷現象減弱，如植物的光合作用

光合作用

光合作用
CO_2　O_2

圖 6.15　光合作用是一種負回饋機制

雲的回饋機制

雲層頂反射陽光並
放射熱輻射至太空

雲層放射熱輻射
使雲層底下溫暖

圖 6.16　雲的回饋有正負兩種機制

第 **7** 章
氣候變遷的歷史

Unit **7-1**
古氣候簡史

地球的形成約有四十六億年之久，在這漫長的年代中曾發生多次氣候的變遷，其變遷的因素有很多，並且似乎與溫室氣體的存在息息相關。以下我們察看氣候變遷的歷史，除了探討各時期中氣候變遷的原因。也盼望藉研究古氣候變遷史，幫助加強建立對未來氣候預測的準確性。

科學家估計，地球的年齡約有四十六億年，初期地球的大氣與現今迥然不同。

地球初期的大氣，來自太陽系星雲中的氣體，大多由 H_2、He 及少量之 CO_2、CH_4、NH_3 構成，但這些氣體後來均因地球初期之高熱加上太陽風的吹拂而逃逸。

初期以後所形成的地球大氣，主要是由氮氣、一些 CO_2、 CH_4 及水蒸氣構成，這些氣體來自火山噴發的大量氣體，經長時間儲積而成。氧氣主要藉植物光合作用產生，因地球長期為海水覆蓋，期間唯一存在的生物為海洋中的藍綠藻，據此推測出大氣中的氧氣係由海洋中藍綠藻長時期藉光合作用產生並累聚。

地表上最早的沉積岩可定年為三十八億年，可見三十八億年前藉大氣降雨，海洋已經形成。大氣中的二氧化碳溶解於水中，形成了碳酸鹽沉積物，如石灰岩（$CaCO_3$）或白雲岩（$MgCO_3$）。約在五億七千萬年前之**寒武紀**（Cambrian, 570 Ma）時，生命以許多不同型式爆發，最早的動物為**三葉蟲**（Trilobite, 500 Ma）。

地球剛形成時，日照量雖低，但溫室氣體含量很高，氣候溫暖，地表氣候從赤道到極區，就如現在的熱帶，我們稱此時地球之氣候為**溫室氣候**（Greenhouse，圖7.1）。約二十五億年前，大氣中溫室氣體含量漸減（部分溶於海洋），冰川開始出現，地球逐漸變冷，形成**冰室氣候**（Icehouse，圖7.1）。但是從約二十二億年到九億年前，並未找到冰川存在的證據。約九億年前到六億年前，可能出現過三期冰川發育旺盛的時期。

八億年來地表氣溫歷經多次冷、暖交替，圖 7.2 中深灰色塊顯示冰室氣候出現於前寒武紀晚期、古生代晚期及新生代的第四紀。從圖 7.2 中可看出，人類演化的歷程是處於地球歷史中較低溫的氣候狀態。

小博士解說

初期的地球：

地球在約四十六億年前形成時，由於隕石撞擊、重力擠壓、附合作用及地球內部放射線產生熱能，使地球處於熔融狀態，由於表面主要是熔岩，並不適合生物存在。直到三十八億年前，地表最終冷卻使地殼形成，並因降雨而形成海洋。頻繁劇烈的火山作用釋放了大量溫室氣體，如二氧化碳（CO_2）、 甲烷（CH_4）等，使地表保持溫暖。

古氣候簡史

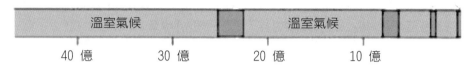

溫室氣候		溫室氣候	

40 億　　　　30 億　　　　20 億　　　　10 億

■ 冰室氣候　　　　　　地質年代（年前）

圖 7.1　古氣候變遷史

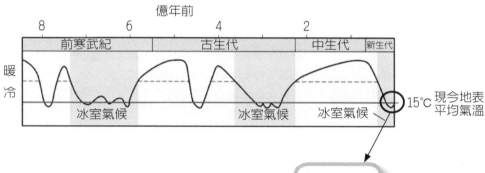

億年前

8　　　6　　　4　　　2

前寒武紀　　　古生代　　　中生代　　新生代

暖
冷

冰室氣候　　　　冰室氣候　　　冰室氣候

15℃　現今地表平均氣溫

圖 7.2　八億年來地表氣溫歷經冷、暖
　　　　交替現象，圖中白色表溫室氣
　　　　候，深灰色表冰室氣候

人類演化
的歷程是
處於地球
歷史中較
低溫的氣
候狀態

159

　　如果地表冰雪覆蓋範圍很大，冷卻效應涵蓋全球，且持續時間長達數千萬至數億年者，我們稱此時氣候為「冰室氣候」（圖 7.3）。例如近八億年前，地球經歷了一個長期的冰室氣候。地球看起來就像一個不同的星球，只露出少數地區岩石，大部分為冰雪覆蓋，幾乎是純白色的雪球世界，圖 7.3 即為畫家筆下的「冰室氣候」。

　　圖 7.4 表示五億多年來大氣中二氧化碳含量，也顯示五億多年來氣候變遷，深灰色為冰期時間，從圖 7.4 可見，冰期期間大氣中二氧化碳含量較少。

小博士解說

溫室氣候與冰室氣候：

(1) 溫室地球（Greenhouse Earth）是指某個時期地表上任何地方都不存在大陸冰川，大氣中二氧化碳及其他溫室氣體含量都很高，海洋表面溫度分布從熱帶地區的 28°C 到極地地區的 0°C。溫室地球是如何產生的？有一些說法根據地質紀錄顯示此期間二氧化碳和其他溫室氣體非常豐富，板塊運動可能非常活躍，由於大陸裂谷的火山活動頻繁，釋放大量二氧化碳至大氣，使地表較熱。地表在常態下都是處於溫室氣候，過去的五億年中約 80% 時間地表都處於這種狀態（圖 7.2）。

(2) 冰室地球（Icehouse Earth）是指某個時期地表經歷冰期和間冰期。不同於溫室地球，冰室地球存在冰原，可根據冰原面積大小區分為冰期和間冰期。在冰室地球時期大氣中溫室氣體較少，因此地表較涼。地球目前正處於一個冰室氣候，冰層存於兩極，冰期在過去一百萬年間發生多次。然而，幾個世紀以來人為排放的溫室氣體，已逐漸將目前的冰室氣候改變為溫室氣候。

冰室地球產生的原因備受爭議，因為真正關於溫室氣候與冰室氣候的轉換原因，我們知道不多，也不知道是什麼原因使兩種氣候如此不同，然而其中一個重要環節是冰室地球時大氣中的二氧化碳下降，有可能是因為此時的火山活動較不頻繁。而其他的解釋則是有關的板塊活動和海洋通路的開閉因素，這些都可能在冰室地球中扮演一個重要角色，因為深海環流的流暢或與熱帶地區隔離，會影響冰原的形成。

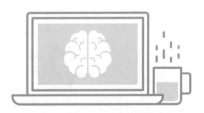

圖 7.3　畫家筆下八億年前的冰室氣候

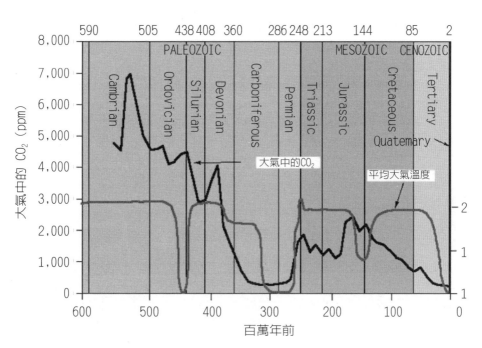

圖 7.4　五億多年來大氣中二氧化碳含量（取材自 www.geocraft.com）

　　由六千五百萬年前延續至今的資料堪稱詳盡，地表氣溫變化如圖 7.5 之右半圖。

　　圖 7.5 中顯示從五千萬年前至三百萬年前間（50~3Ma），溫度逐漸下降，南極冰原形成。板塊運動造成陸塊的移動，引起海洋環流的變化，這似乎是長期氣候變化的主因。西藏高原及北美西部高山的隆起影響了北半球中緯地帶的大氣環流，海洋中熱能對流也曾有重要變化，**早第三紀**（Paleogene, 65~26Ma）以鹽度差異為主，形成「**鹽動環流**」（Halokinetic Circulation），海水性質以鹽度差異為主，與現今的「**溫鹽環流**」（Thermohaline Circulation）不同。CO_2 的含量是現今的兩倍。這段期間中，有幾次重要的古海洋事件，顯示全球氣候系統能在短時間內，從某一均衡狀態跳到另一狀態。這幾次古海洋事件多與兩極冰原的發生與擴張有關。紀錄顯示，四千萬年及六百萬年前有大規模的增長，北極冰原則在二百四十萬年前形成。冰原的消長與伴隨而來的**反射效應**（Albedo），以及海流**溫鹽穩定度**（Termohaline Stability）等都是古氣候變遷的重要控制因素。

　　圖 7.5 中所標示的 PETM **極熱氣候事件**（Paleocene Eocone Thermal Maximum），即是地表短期內快速暖化的一個特例。大約發生於五千五百萬年前的**古新世**（Paleocene）和**始新世**（Eocone）時代之間，全球氣候快速變暖，嚴重影響了全球生態系統變化以及碳循環的過程，期間經過約兩萬年，全球氣溫上升了約 $6\,℃$（$11\,°F$），亦即每年增溫 $0.0003\,℃$（$0.00055\,°F$），圖 7.6 中說明此期間碳循環的擾動。

　　PETM 事件造成當時許多底棲有孔蟲和陸源哺乳動物絕種，但同時也出現了許多現代哺乳動物。該事件與來自世界各地的碳穩定同位素（碳同位素）記錄了突出的負異常，溶解的碳酸鹽沉積在所有的大洋盆地，顯示在 PETM 事件中，無論是水文圈或大氣層中的 $^{13}C / ^{12}C$ 都偏低。

　　地質學家正在對 PETM 事件進行更多的研究，以便了解大氣溫室氣體迅速增加（千年內）的可能後果。

小博士解說

最近一次地球進入冰室氣候：

最近一次地球進入冰室氣候在始新世晚期，大約距今五千五百萬年到三千四百萬年前（圖 7.5），是地球最近一次從溫室氣候轉變為冰室氣候，全球氣候從此進入冰期與間冰期的循環，其證據顯示於大氣中二氧化碳濃度降低及氧同位素比值變化。此時陸地上形成大量冰體，造成海水面下降至少 100 公尺，南極大陸並出現大規模冰原。

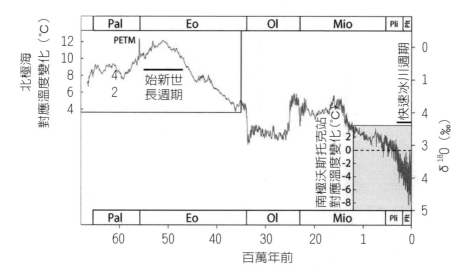

圖 7.5　六千五百萬年前至今的氣候變遷史
（取材自 http://en.wikipedia.org/wiki/Paleoclimatology）

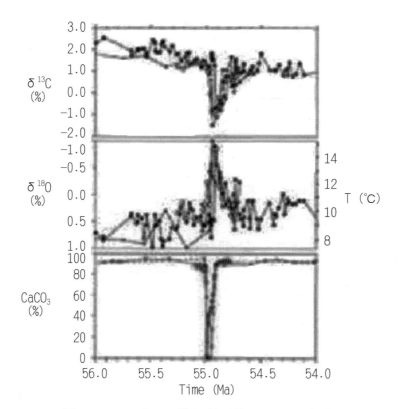

圖 7.6　五千五百萬年前發生的 PETM 事件

Unit **7-2**
過去百萬年氣溫變化

　　冰河時期，也被稱為冰期，在此時期，地表大面積的土地被厚厚的冰蓋覆蓋。這種大規模冰川的時期可能會持續數百萬年，並重塑整個大陸的表面特徵。整個地球歷史上發生了一些重大冰河期。最早的一次可追溯到六億年的前寒武紀時間，最廣泛的冰川發生在近期的更新世。

　　藉研究古氣候變遷史，我們可追溯過去冰川演變情形。由前述深海沉積物中的 ^{18}O / ^{16}O 值可測出過去海水溫度的變化，我們可以據此重構過去百萬年地表上氣候變遷。在過去百萬年期間，我們可以拼出 6 到 7 次較冷的冰河時期，圖 7.7 南極 Vostok 冰芯資料顯示，冰期與間冰期間溫度差約在 10℃ 之間。

　　此冰河期主要由**歲差**（Precession）形成，地球自轉軌道軸心傾斜，其本身一如陀螺般繞著中心轉動（呈角度 22° 至 24.5°），在物理學上稱這種現象為「**進動**」，在天文學上稱這種現象為「**歲差**」，歲差之週期為二萬六千年，與冰期之週期略為相近，歲差會影響地球的受熱多寡，所以可能與冰期及間冰期的形成有關，造成冰峽地形，如圖 7.8 所示，有關歲差理論我們在第六章曾討論過。

　　圖 7.9 中沉積紀錄顯示，在過去幾百萬年的冰期和間冰期的波動序列。

164

　　目前的冰期，**上新世**（Pliocene）—**第四紀更新世**（Pleistocene）冰期，在北半球冰蓋開始形成時是上新世晚期，距今約二百五十八萬年。從那時起，世界上已經能看到週期性的冰期與冰層以四萬年至十萬年的時間進退，稱為冰期和間冰期。冰期時，冰川前進；間冰期時，冰川後退。大約一萬年前末次冰期結束，但仍可見於格陵蘭島冰層和南極冰層。

小博士解說

過去百萬年冰期：

過去百萬年發生過多次冰期，其中前五十萬年氣溫偏低，冰期週期較短，以大約四千一千年一次週期發生；後五十萬年的氣溫較暖和，冰期週期較長，以大約十萬年一次週期發生。

最近一次冰期發生於約十二萬年前，於一萬八千年前達於鼎盛，大陸冰川覆蓋陸地極大範圍（圖 7.7、圖 7.8）。約一萬多年前地球開始變暖，進入較暖的間冰期，大陸冰川也逐漸後退。

過去百萬年氣溫變化

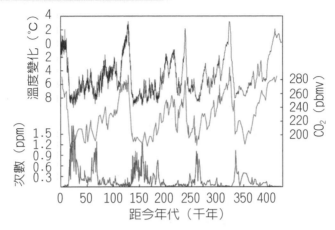

圖 7.7　追溯過去冰川演變情形（https://en.wikipedia.org/wiki/Ice_age）

圖 7.8　紐西蘭上次冰期（二萬年前）所造成冰峽

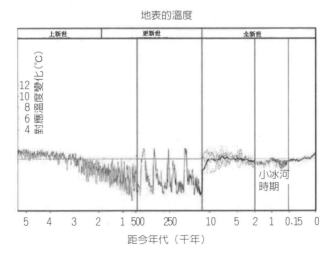

圖 7.9　沉積記錄顯示，在過去的幾百萬年的冰期和間冰期的波動序列

一、過去千年氣溫變化

　　圖 7.10 是氣象學者根據採集：(1) 樹木年輪、(2) 珊瑚礁、(3) 冰蕊等記錄，得知過去千年中北半球的平均溫度。圖中亦明確顯示，過去一百多年北半球的氣溫確實在上升。從西元一千一百年到西元一千三百年間溫度比較高，英國的葡萄樹可生長最遠至英格蘭東北的約克郡。從西元 1400 年到西元 1850 年間溫度都比較低，此時期被稱爲歐洲與北美洲的「**小冰河時代**」（Little Ice Age），波羅的海和倫敦的泰晤士河在冬天常常結冰；生長期縮短；在特別寒冷的冬天，大量的家畜被凍死。爲何在這一千年中有較熱與較冷的不同期間，地質上沒有任何事件可以對照解釋，歷史上有幾次火山噴發，但火山噴發灰塵遮蔽部分陽光至多數年之久，而二氧化碳與甲烷等溫室氣體濃度在這段期間的記錄也無明顯改變。

　　有人提議可能由於太陽的變化，在西元 1400～1850 年之間，太陽的照射強度降低。過去四百年太陽黑子觀測記錄顯示，西元 1645 至 1715 年間，太陽黑子變得極爲罕見，艾迪（Eddy J. A. June 1976）於 1976 年發現此現象，稱爲**蒙德極低期**（The Maunder Minimum，圖 7.11）。

　　也許上述氣溫變化並不需要其他外在因素解釋，可能純粹出於大氣或海洋本身內部的變化或者是因大氣與海洋之間的交互作用。

圖解氣候與環境變遷

小博士解說

小冰河時期可能產生原因：

許多歷史古籍都記載了中世紀小冰河時期，它帶給歐洲和北美的部分地區極寒冷的冬天，小冰期的產生因素有很多揣測，學者提出可能來自下列因素之一：

(1) 地球公轉軌道週期變化，可能引起北半球長期持續降溫趨勢，如前節所述「歲差」。

(2) 太陽黑子活動異常，如本節所述蒙德極低期。

(3) 火山活動加劇，如本節所述中世紀記載幾次火山噴發，火山灰遮蔽陽光所致。

(4) 洋流的活動，如 6-1 節所述溫鹽環流可能造成氣候改變。

(5) 人口的變化，生活在高海拔地區人口的增加，森林砍伐使高山積雪面積增加，陽光反射率增加引起氣候變化。

(6) 全球氣候內在變化因素，如本節所述，大氣與海洋之間交互作用的變化。

不論小冰河時期產生因素爲何，它都只不過是氣溫些微的變化，如圖 7.10 所示溫差不過 0.5℃ 左右，卻造成氣候長期的異常現象，可見自然界對氣溫的變化是非常敏感的，我們因此對一個世紀來人爲造成大氣增溫約 1℃ 的現象非常憂心。

過去千年氣溫變化

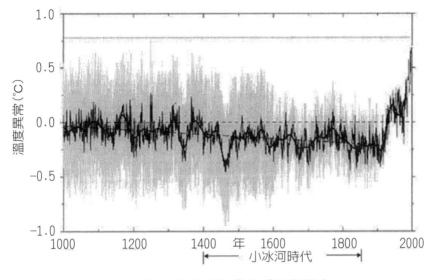

圖 7.10　過去千年北半球平均溫度

四百年來黑子觀測

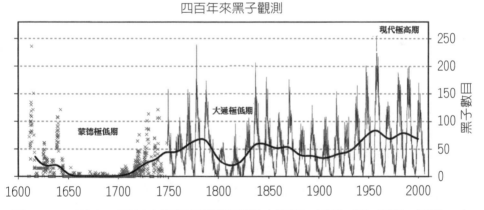

圖 7.11　過去四百年太陽黑子觀測記錄。西元 1645 至 1715 年間，太陽黑子變得極為罕見，此現象稱為蒙德極低期

二、過去百年氣溫變化

　　許多紀錄顯示，過去百年多來，在 1880～2012 年間，全球表面平均溫度上升了約 0.85℃，如圖中 NOAA 記錄所示。其中增溫趨勢可分兩段：

(1) 1940 ～1970 年間，每十年增溫 0.1℃。

(2) 1980 年迄今，情勢更為嚴重，每十年增溫 0.17℃。

　　1979 年起至今增溫 0.4℃，超過增溫之半。因為海洋熱容量大，暖化趨勢較慢，因此大陸的增溫比海洋快（1979 年起增溫約 0.7℃），尤其是在北半球。圖中也顯示從 1990 年起全球每年平均溫度都比往年高，且有十年位於一百多年來前十名。比較圖 7.10 可知，過去三十年是過去一千年最熱時期。

　　圖 7.12 中也顯示在 1940～1970 年間有輕微降溫趨勢，大約下降了 0.1℃，主要發生在北半球，這可能由於二次大戰後蓬勃工業發展排放的**氣膠污染物**（Aerosol Pollutants），將陽光反射回太空，氣溫因此下降。全球溫度從 1980 年代開始升高，在 1998 年達到地球新高，接下來數年間持續小幅度的波動。我們可以預期長期的暖化趨勢，夾雜著出現幾次小波動的溫度升高，甚至是輕微的降溫，這些波動可能持續數年之久。

　　過去的三十年是自 1850 年以來地表最溫暖時期，在北半球 1983 至 2012 年可能是過去一千四百年來最熱的三十年（IPCC5），2014～2016 年連續幾年均破記錄，2000 年代也有幾年逐漸降溫，但趨勢並不明顯，仍需後續觀察方能明白其確切趨勢。

168

小博士解說

加速的增溫趨勢：

許多記錄都顯示，地表的增溫趨勢正在加速。例如 IPCC 第四次評估中提出近一世紀增溫趨勢是每十年增溫 0.074℃，近五十年增溫趨勢是每十年增溫 0.0128℃，近二十五年增溫趨勢是每十年增溫 0.0177℃，2014 至 2016 年連續幾年氣溫均破近百年來記錄。

第六章中曾以數據說明，人類依賴化石燃料的習性仍未改變，以 2015 年為例，煤、石油和天然氣消耗約占全球總消耗能源的 86%，故每年仍有大量的二氧化碳被排放至大氣。此外大氣中 2015 年 3 月二氧化碳濃度首度指標性的突破 400 ppm，這些都具體表示了一件事實——全球的增溫趨勢可能還會更惡化。

過去百年氣溫變化

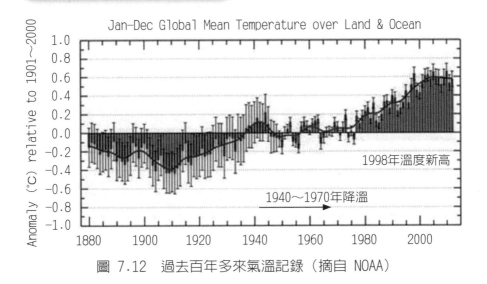

圖 7.12　過去百年多來氣溫記錄（摘自 NOAA）

知識
補充站

2016 年 4 月 20 日即時新聞「三月氣溫破紀錄，全球持續高溫擋不住」：

2016 年 3 月氣溫又破了歷史紀錄，中央氣象局預報中心主任鄭明典指出全球有擋不住的增溫趨勢，連續第十一個月，月平均氣溫創新高，這是在有現代分析的一百三十年中，從沒有發生過的持續高溫創紀錄的現象！

2015 年 12 月巴黎氣候高峰會，訂下全球均溫至二十一世紀末不得增加超過 2℃，看來恐怕是過度樂觀，全世界各國提出減碳計畫，若各國完全不願意執行，全球平均溫度可能會上升 4.5℃，導致海平面上升，極端天氣事件增加。

比較過去百年氣溫變化，並且此增溫在過去三十年正有加快趨勢，我們可得到一個結論：近年來的增溫趨勢真的是擋不住。倘若全球依舊以非再生能源的石油、天然氣、煤為主要能源消耗來源，溫室氣體的排放仍然不能有效的制約，而目前全球升溫已超過 1℃，若想在西元 2100 年前達到巴黎氣候高峰會規範的低於 2℃，恐怕是很困難的事。

第 **8** 章

氣候變遷的影響之一：
冰川、海冰及凍土

Unit 8-1
前言

在前面幾章中，我們已經詳細討論過氣候變遷的測量、機制、歷史等方面，以下我們要詳細察考氣候變遷的影響，本章我們先來看看有關對物理系統的影響。

在 IPCC 第三次評估報告中指出，氣候變遷所造成物理系統的變化有下列幾點：

1. **海冰**：自二十世紀五零年代，北極海冰的覆蓋面積下降約 10% 至 15%。南極海冰則無顯著趨勢。

2. **冰川和凍土**：在所有大陸，山地的冰川都在後退；北半球的永久凍土帶，則在日漸融化中。

3. **雪蓋**（Snow Cover）：自上世紀六零年代末和七零年代，北半球的積雪約減少 10% 左右。

4. **融雪逕流**：自二十世紀四零年代末，在歐洲和北美西部，融雪逕流的發生，越來越早。

5. **湖泊及河流冰**：在北半球中高緯度，每年的湖泊和河流冰的覆蓋期，已減少約 2 週，並越來越無法預測。

2007 年 IPCC 第四次評估報告對上述物理系統提出更廣泛的觀察與預測，IPCC 第五次評估報告結論於 2013 年 9 月及 2014 年 3 月、4 月公布，其中列出已發生的衝擊包括：對自然和人文系統的衝擊、降雨量或是冰雪的融化、物種的地理活動範圍、季節性活動、遷移模式和豐富度，以及彼此之間的交互作用、農作物收成量、人類健康、極端氣候事件等等。

本章中我們依序察考全球冰層、冰川、海冰、凍土的變化，因為這些變化直接影響海平面上升，在下章中再來談談未來海平面上升的預測。

小博士解說

海平面上升：

我們關心冰層、冰川、海冰等之變化，因它關係到海平面的上升，全球有接近 20% 人口生活在距離海岸 30 公里以內，海平面快速的上升必然使他們成為氣候變遷下的環境難民。根據 IPCC 報告，在 1961~2003 年期間，海平面上升平均速率每年為 1.8 毫米，但在 1993~2003 年期間，海平面上升平均速率每年為 3.1 毫米。IPCC 預測本世紀末可能會再增溫 1.1℃ 至 6.4℃，IPCC 因此預估全球海平面在本世紀末將再上升 20 到 90 公分，之後還會繼續上升。

圖解氣候與環境變遷

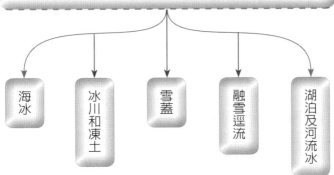

氣候變遷造成下列物理系統變化（IPCC，2001）

- 海冰
- 冰川和凍土
- 雪蓋
- 融雪逕流
- 湖泊及河流冰

知識補充站

溫室氣體濃度增加對物理系統影響：

溫室氣體在大氣中濃度持續大量的增加，必然造成物理系統多面的影響，美國國家海洋暨大氣管理局（NOAA）2016年公布，大氣中二氧化碳濃度3月為 404.83 ppm，至 2017 年 3 月已升至 407.18 ppm，並且仍持續在飆升中。

大氣二氧化碳濃度持續飆高，預期對物理系統將造成多面極大衝擊，可以預見的影響包括以下項目：大氣平均溫度增加、降水的模式和數量改變、冰雪及雪蓋和永久凍土改變、海平面升高、海洋酸度增加、極端事件的頻率及強度和持續時間增加、生態系統改變、增加對人類健康的威脅等。

大氣中的溫室氣體濃度持續飆高趨勢目前很難改變，如前幾章我們所分析：發展經濟需要能源，除非改變使用非再生能源習性或停止發展經濟，如此即可減緩二氧化碳大幅排放趨勢，但這是非常困難的。現今全球每年因使用非再生能源排放數百億噸二氧化碳至大氣，因此全球物理系統持續受到多方衝擊是可預期的，本章中先說明對冰層、冰川、海冰及凍土的影響，之後幾章將陸續探討其他方面可能遭受之衝擊。

Unit **8-2**
冰川的變化

一、冰川的定義

冰川是極大體積的冰層，藉著其自身重量並重力的作用，在地表上緩慢移動，形成如同河川一般的地形景觀。根據冰川之型態，可分為：

　　1. 高山冰川或山谷冰川〔又稱「阿爾卑斯冰川」（Alpine Glaciers）〕：這是今天世界上最多之冰川，占了高山山谷地區很大面積。

　　2. 大陸冰川（冰被或冰層）：這種冰川占據大陸相當面積（例如格陵蘭島冰層與南極冰層）。

　　圖 8.1 是 IPCC 第四次評估報告預測未來海平面上升圖，因為缺少可驗證冰層變化的**計算機模擬**（Computer Simulations），在 IPCC 第四次評估報告預測未來海平面上升中，摒除了冰層變化因素，IPCC 稱此部分為**動態過程**（Dynamic Change），由氣候變遷的地史紀錄來看，冰層變化的因素可能十～一百倍於本世紀末海平面上升預測。在 IPCC 第五次評估報告中，因為幾年來計算機模擬工作對冰層變化計算得以改進，加上衛星觀測工作數據的成熟，IPCC 對未來冰層變化得到結論是：

(1) 格陵蘭島的冰層加速消失結論是可靠的。

(2) 南極洲冰層消失速率可能遠低於人們預期嚴重，然而在南極西南極洲和南極半島的冰質量變化，不確定性仍然很大（Edward Hanna 等，2013）。

　　我們關心冰川的變化，因它關係海平面的上升，如果地表冰川（包括冰層）全部融化，海平面可能上升七十公尺，足以改變地表地貌。地表冰川目前只有部分融化，但受到暖化的衝擊，目前正在融化中，問題是，其變化速率有多快呢？

小博士解說

影響海平面上升原因：

導致海平面上升因素有很多，如：海水熱膨脹、高山冰川融化、格陵蘭島和南極的冰層融化等，如圖 8.1 所示。其中全球變暖導致冰川融化為海平面上升的主因，大多數高山冰川在近百年內多呈後退趨勢，說明全球暖化事實。格陵蘭島和南極的冰層（大陸冰川）也在快速融化，但其不確定性很大，IPCC 稱此部分為動態過程。海水的熱膨脹也是海平面上升主因，這是根據物體熱脹冷縮特性，但也很複雜，因即使全球氣溫已穩定，海水表面氣溫和深海溫度依舊有差異，深海的氣溫會慢慢升高，導致更多的海水發生熱膨脹反應，使海水體積擴大，海平面上升，這種反應要持續很長一段時間，直到海水與大氣溫度完全達於一致為止。

冰川的定義

冰川：極大體積的冰層藉重力緩慢移動

高山冰川

大陸冰川
（冰層）

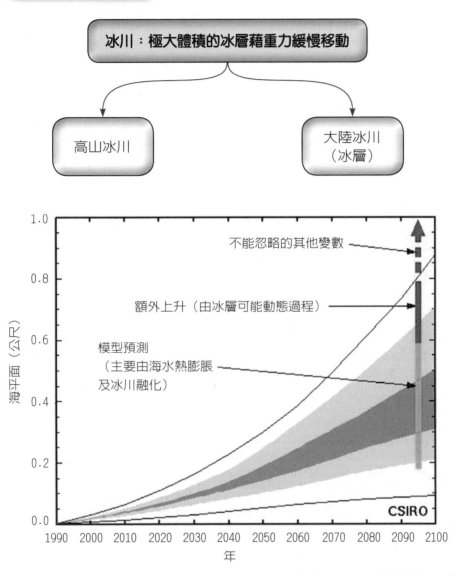

圖 8.1　IPCC 預測未來海平面上升（IPCC，2007），由海水熱膨脹、冰
　　　　層溶化與其他不能忽略的變數等產生

二、格陵蘭島冰層

格陵蘭島冰層（Greenland Ice Sheet）及南極大陸的西南極冰棚近年來的融化速率，到了極為驚人的地步，圖 8.2 顯示格陵蘭島冰層近年來快速融化。IPCC 認為格陵蘭島冰層及南極大陸的西南極冰棚的快速融化，「**非常可能**」（very likely）就是 1993～2003 年間海平面加速上升主要原因。

格陵蘭島是世界第一大島，位於北美洲東北面，面積為 2,166,086 平方公里，約為美國本土面積的 1/4，約 85% 地區由冰雪覆蓋，是北半球最大冰體。冰層平均厚度 1,500 公尺，冰層由頂峰以冰川方式向四周移動，到達海岸邊緣斷裂，流入大洋成為無數冰山。冰原體積占世界冰川水總量的 12%，一旦溶化，將使海平面上升 7.3 公尺（約 24 英尺），過去科學家很樂觀的以為，格陵蘭島冰層完全融化可能需要幾百年或一千年，但近年來一些事例使科學家發現，格陵蘭島冰層融化速率可能比原先所以為的還要快。

2012 年 7 月 12 日，NASA 三顆衛星照相數據顯示，格陵蘭島冰層表面已全部融化（圖 8.2），一時震驚了當時的科學界，雖然四天後又恢復凍結，但仍使人驚訝不已，這說明了全球暖化的影響可能比我們所以為的還要嚴重，格陵蘭島冰層受到全球暖化影響，正在快速的融化。

一個極大的不確定性是冰層受到氣候變暖影響到底有多快，最好的評估方式是觀察格陵蘭和南極冰層，透過地球重力場的測量，利用衛星監測精確測量冰層質量的變化。圖 8.3 顯示了格陵蘭島和南極冰層現在正以顯著的速率大量流失，高達每年幾百立方公里。數據顯示，冰層崩解體積損失近似指數型變化，如果冰層失去體積減半之時間為 10 年或更短（如圖 8.3），預期海平面上升數公尺的情形將在本世紀內發生。

圖解氣候與環境變遷

小博士解說

氣候變遷影響冰層變化有多快？

近年來衛星精確測量顯示（圖 8.3），格陵蘭島和南極洲冰質量損失正在加速，但因衛星數據從九零年代初期才開始採用，並透過 2000 年以來的 GRACE 衛星才能更精確測量，因數據擷取時間太短，很難確定冰層體積損失是根據線性路徑或指數路徑。若冰層體積損失為指數路徑且加倍時間為十年，推算本世紀末海平面將上升 1 公尺。若加倍時間為五年，海平面可能大幅上升 5 公尺以上，唯此仍需更長時間衛星觀測數據的確認。

格陵蘭島冰層

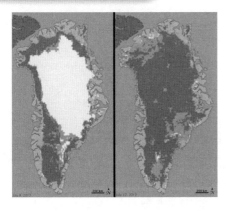

◀ 圖8.2　2012 年格陵蘭島衛星照相數據震驚了 NASA

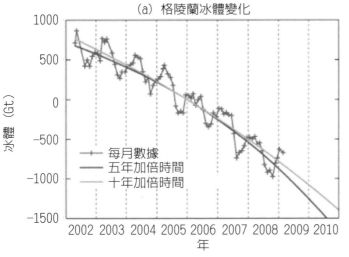

(a) 格陵蘭冰體變化

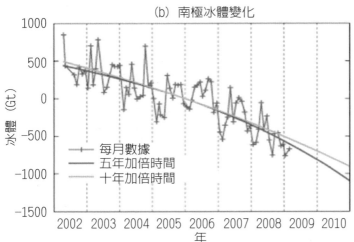

(b) 南極冰體變化

冰層崩解體積損失近似指數型變化，如果冰層失去體積減半之時間為 10 年或更短，預期海平面上升數公尺的情形將在本世紀內發生

圖 8.3　(a) 格陵蘭島和 (b) 南極質量變化（Velicogna，2009）

· 冰川壺穴（Moulin）

格陵蘭島冰層近年來快速的融化，說明了有一些冰川融化的機制，使得格陵蘭島冰原表面的夏季融化量，遠超過之前的觀察。格陵蘭島冰層表面常見冰融水累積形成的水窪，融水湧入冰原的裂縫，並切出冰洞，稱爲**冰川壺穴**（Moulin）（圖 8.4）。這些從表面潛入冰層底部較溫暖的水，與底部的泥土混合，在基岩上形成一層泥漿，權充潤滑劑潤滑冰川和岩石界面，使冰原從岩石上方加速向海面滑動（圖 8.5）。

冰川壺穴的作用如同冰川的內部「水管」系統，潤滑冰川底部，加速冰川的流動。由於冰川底部水潤滑冰層底部的作用非常複雜，難以用計算機程式模擬情境，IPCC 第四次評估報告並未對其海平面上升影響作正確預估。近年來一些研究說明，海平面上升可能遠大於 IPCC 報告中所預測（例如：拉姆斯托夫（Stefan Rahmstorf），2010）。在 IPCC 第五次評估報告中，因爲上述衛星觀測工作數據的成熟，加上幾年來計算機模擬工作對冰層變化計算得以改進，IPCC 對格陵蘭島的冰層變化的評論是：格陵蘭島的冰層加速消失論點是可靠的。

衛星數據也進一步證實，在過去的 20 年中，格陵蘭島冰層每年約失去 1,400 億噸的冰。格陵蘭島冰層的變化有三種型式，除了表層的融化外，還包括冰川的**流動**（Surging Forward），與冰層**不穩定破裂**（Break up by Destabilization）。冰層表層的融化約占全部損失的 1/3，其他 2/3 損失則來自**冰川的流動**（Glacier Flow），近年來格陵蘭島冰川流動速度大大加速，**雅各布港冰川**（Jakobshavn Glacier）的變化就是一例（圖 8.6）。

雅各布港是一條重要的冰川，面積占格陵蘭島冰層上相當大的區域，每年流動冰川量占格陵蘭島全部冰層的 6.5%，每年從其產生至大洋的冰山占格陵蘭島冰山的 10%，因此過去 20 年間科學家們一直在對其進行密切觀測。在 1992 至 2003年間，此冰川流動速度不斷加快，流動速度從每年約 7 公里增加到每年 12.6 公里（Joughin, 2004）。

小博士解說

雅各布港冰川的加速後退：

雅各布港冰川位於格陵蘭島西岸，是格陵蘭島最大的冰川，這條冰川得以著名的原因是在 1912 年，來自於雅各布港冰川的冰山曾撞沉「鐵達尼號」郵輪。雅各布港冰川因每年注入大洋大量海水，科學家們一直對其進行密切觀測。近年來雅各布港冰川後退速度加速，如上文所述，2010 年 7 月 6～7 日甚至傳出一夜間消退了約 1 英里（1.5 公里），雅各布港冰川的快速後退，再次警惕冰川消融可能造成海平面上升的嚴重後果。

冰川壺穴

◀圖 8.4　冰川壺穴表面

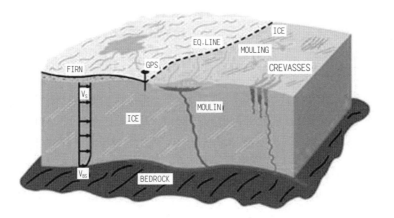

圖 8.5　冰川功能示意圖

冰川的流動變化

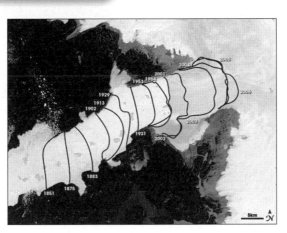

圖 8.6　雅各布港冰川 1851～2006 年間冰川的後退

三、南極大陸冰層

　　南極地區是一個大陸，面積約 1,400 萬平方公里，約為格陵蘭島面積的 6.5 倍。南極大陸覆蓋了很厚冰層，平均冰層厚度約 1,700 公尺，最厚的地方超過 4,000 公尺，總體積約 2,540 萬立方公里。南極大陸與格陵蘭島不同的是因為較冷，所以沒有如格陵蘭島表層融化現象，但如同格陵蘭島，南極大陸冰層也由頂峰向四面移動，在海岸邊緣斷裂成許多巨大冰塊，漂浮在大陸周圍的洋面上，形成高大冰山。

　　南極大陸冰層分為三個部分：(1) 東南極冰層、(2) 西南極冰層與 (3) **南極半島**（Antarctic Peninsula）（圖 8.7）。東南極冰層體積最大，也較穩定，面積 1,018 萬平方公里。西南極冰層，面積 229 萬平方公里，其變化較大。

　　受到全球暖化的影響，南極大陸冰層也快速融化，尤其是近年幾個冰棚的解體之速，都大出人意外。南極洲是全球氣溫上升速度最快的地方，在過去半個世紀，每十年溫度就上升 0.5℃，讓南極的冰棚變薄甚至崩解，包括了 2002 年**拉森 B 冰棚崩解**，與 2008 年**威爾金冰棚崩解**（Wilkins Ice Shelf），茲略述如下：

　　1. 2002 年，南極大陸的西南極冰棚發生龐大的崩解，2002 年 1、2 月間，南極洲的拉森 B 冰棚（Larsen B Ice Shelf）在 35 天內崩解，面積約 3,250 平方公里、220 公尺厚的拉森 B 冰棚自南極半島東側裂開，導致最後崩離。圖 8.8 於 2 月 23 日由美國 NASA 的 MODIS 衛星傳感器（MODIS Satellite Sensor）取得，此圖片顯示了冰棚大解體，其破碎的冰山漂浮在**威德爾海**（Weddell Sea）。

　　拉森 B 冰棚的快速崩解，可能也是由於前述冰川壺穴的作用，過去科學家並沒有預料到液態水對冰棚有如此強大的破壞力，大量的融冰在夏季 24 小時的日光照射下溶化成水後，滲入冰棚縫隙中，如楔子般突然將冰棚分裂。

　　2. 威爾金冰棚位於南極半島西南，面積為 13,600 平方公里，在 2008 年 2 月的時候，發生了大崩解，在短短一個月內，消失了 410 平方公里（圖 8.9）。

　　冰棚崩解的影響很大，因為一旦這些延伸至海面的冰棚消失了，原本藉著冰棚抵擋而得以停留在陸面的冰層，便會開始融化，或是往大海移動，甚至落入海裡，這也是現今海平面不斷上升原因之一。

小博士解說

拉森 C 冰棚崩解：

南極洲大陸海岸線邊緣存在了幾十個巨大冰棚（圖 8.7），其中拉森冰棚位於南極半島邊緣，可細分為拉森 A、拉森 B、拉森 C。面積最小的拉森 A 已於 1995 年崩解消失，拉森 B 於 2002 年崩解，拉森 C 於 2008 年起趨於穩定，但氣象學家預測以目前的暖化速度，拉森 C 恐會在可預見的未來裡崩解消失。

圖解氣候與環境變遷

南極大陸冰層

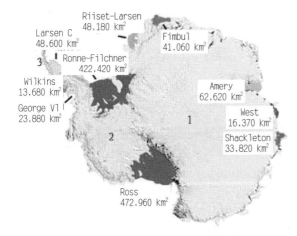

Riiset-Larsen
48,180 km²

Larsen C
48,600 km²

Fimbul
41,060 km²

Ronne-Filchner
422,420 km²

3

Wilkins
13,680 km²

Amery
62,620 km²

George VI
23,880 km²

West
16,370 km²

Shackleton
33,820 km²

1

2

Ross
472,960 km²

◀ 圖 8.7　南極洲各個冰層
位置

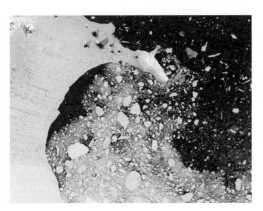

2002 年南極大陸的西南極冰棚發生龐大的崩解，2002 年 1、2 月間南極洲的拉森 B 冰棚，面積約 3,250 平方公里，在 35 天內崩解

圖 8.8　2002 年 1、2 月間南極洲拉森 B 冰棚崩解（NASA 衛星照相）

2008 年威爾金冰棚發生了崩解，威爾金冰棚位於南極半島西南，面積為 13,600 平方公里，在 2008 年 2 月的時候，發生了大崩解，在短短 1 個月內，消失了 410 平方公里

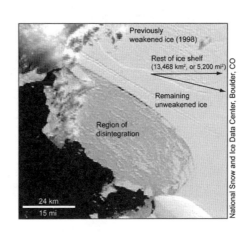

Previously
weakened ice (1998)

Rest of ice shelf
(13,468 km², or 5,200 mi²)

Remaining
unweakened ice

Region of
disintegration

24 km
15 mi

National Snow and Ice Data Center, Boulder, CO

圖 8.9　2008 年威爾金冰棚崩解

四、高山冰川

　　全球正急遽受到氣候變遷的影響，也顯示於大多數高山冰川的後退，冰川的前進與後退，本是自然界的正常現象。通常在冬季，雪降增加，融解與蒸發相對減少，冰川增厚並延展，此時冰川前進；而在夏季，雪降減少融解加速，雪的消耗超過積蓄，此時冰川後退。

・冰川的快速融化

　　在正常狀況下，高山雪線以上的冬季降雪及夏季融雪速率是相當的，因此高山冰川能維持在雪線高度。近年來全球暖化使高山降雪及融雪的平衡改變，結果造成所有南北半球高山冰川都在快速的**後退**（Retreating）。高山冰川含冰量占全球比例雖然不是很多，即令全球的高山冰川都融化為水，也不至導致全球海平面上升小於 1 公尺左右，但全球高山冰川快速的後退意義卻很重大，例如亞洲喜馬拉雅山的 Rongbuk 冰川過去三十年已經後退了 230 公尺（如圖 8.10）。喜馬拉雅山脈屬西藏高原，擁有豐富冰量，亞洲許多水系水源來自此高原，如恆河、印度河等。喜馬拉雅山系冰川的後退（圖 8.11），將造成亞洲地區嚴重的飲用與灌溉用水短缺問題。

　　歐洲阿爾卑斯山系冰川的後退，也對周圍地區產生影響，自 1850 年以來阿爾卑斯冰川逐年後退，影響灌溉和飲用水的使用，此外山地的休閒空間，動物和植物的生存都受到影響。美洲亦然，圖 8.12 為美國華盛頓州的 Whitechuck 冰川於 1973 年與 2006 年的比較，可見冰川已快速後退。

　　紐西蘭的**穆勒冰川**（Mueller Tianshan），長 13 公里，像全球其他冰川一樣正在迅速崩解，圖 8.13 中前端清晰可見的是冰川後退時所留下的冰磧石。

小博士解說

冰川增減與氣候變遷：

冰川增減與氣候變遷有關，從歷史來看，1400 到 1850 年間，為所謂小冰河時期，全球冰川多在增長。此後至大約 1940 年，氣候變暖使全球冰川後退，1950 至 1980 年全球氣溫輕微的變冷。自 1980 年迄今，暖化使全球大多數冰川後退並且越來越快速，1995 年以後此趨勢更加明顯。

冰川的前進與後退是對氣候變遷的一個平衡，在平衡線以上冬日冰川取得新的來源，稱為積蓄帶；在平衡線以下夏日冰川因融化與蒸發而減少，稱為消耗帶；因此在平衡線處冰川表面積蓄與消耗互相抵銷，此平衡線又稱雪線。當氣候變冷，降雪增加，融解與蒸發減少，冰川增厚並前進；當氣候變暖，降雪減少，融解與蒸發加速，降雪的消耗超過積蓄，此時冰川後退。因全球大多冰川的積蓄帶基岩逐漸被暴露且冰川變薄，氣候變遷的趨勢就顯而易見了。

高山冰川

◀ 圖 8.10　喜馬拉雅山 Rongbuk 冰川後退 230 公尺

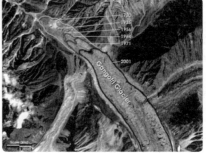

▶ 圖 8.11　喜馬拉雅山的 Gangotri 冰川歷年來後退

(a) 1973年

(b) 2006年

圖 8.12　美國華盛頓州的 Whitechuck 冰川於 (a)1973 年與 (b) 2006 年後退情況的比較

◀ 圖 8.13　紐西蘭的穆勒冰川後退，留下前端清晰可見的冰磧石

　　非洲的乞力馬扎羅（Kilimanjaro）冰川也正發生急劇後退，圖為 NASA 拍攝的圖像顯示乞力馬扎羅山之巔上的積雪的變化。圖 8.14（左圖）拍攝日期為 1993 年 2 月 17 日，圖 8.14（右圖）拍攝日期為 2000 年 2 月 21 日，積雪已大為減少。

　　全球冰川是否正在後退，許多文獻證實其答案是明確的，圖 8.15 是長期冰川體積的變化（Cogley, 2009），圖 8.16 為 2009 年全球冰川增長或萎縮調查，資料在在顯示全球約 90% 的冰川都在萎縮中（WGMS, 2011）。

小博士解說

冰川消融與水資源短缺：

氣候變遷造成水資源短缺，冰川的消融是其中一個重要影響因子。許多住在山區未開發國家的飲水來源是來自冰川，因此冰川的減少將帶來這些地區嚴重缺水危機。

因為冰川消融造成水情吃緊的消息，近年來時有所聞，例如南美洲秘魯有 60% 的人口居住在沿海地區，過去 35 年裡冰川消融約 20% 以上體積，造成該國的沿海地區逕流減少 12%，大大影響供水來源；又如天山冰川的冰雪融水是中亞國家的淡水供應來源，在過去 50 年中，天山山脈的冰川面積減少了 18%，中亞等一些地區近年來因此也面臨供水危機。

此外，亞洲地區將因青藏高原冰川消退，嚴重影響淡水供應。青藏高原是長江、湄公河、薩爾溫江、印度河、雅魯藏布江和黃河等大河源頭，供應亞洲近 20 億人淡水需用。受氣候變化影響，青藏高原冰川迅速消退，幾條大河水位不斷下降。研究顯示，喜馬拉雅山地區的大部分冰川在 20 年內將消失殆盡。這些正在消退的冰川是一些重要河流的源頭，冰川消退必然造成流域所經國家淡水短缺，並且因水資源的爭奪引發國際間緊張情勢。

(a) 1993 年

(b) 2000 年

圖 8.14 非洲的乞力馬扎羅冰川急劇後退，圖為 (a)1993 年與 (b)2000
年的比較

全球冰川正在後退

圖 8.15 長期冰川體積的變化（上圖為文獻資料，下圖為 Excel 作圖）
（資料來源：Cogley, 2009）

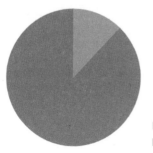

■ 增長
■ 萎縮

◄ 圖8.16 2009 年全球冰川增長與
萎縮比例之調查（WGMS,
2011）

Unit **8-3**
海冰的變化

　　第六章中曾說明冰反射作用的正回饋機制，接近極區的暖化效應是全球平均值的 3 倍，因此北極海暖化效應更嚴重，根據**歐洲中等範圍天氣預測中心**（European Centre for Medium-Range Weather Forecasting）最新的觀測數據，自 1989 年以來，北極升溫超過 2℃，比全球的平均 0.5℃ 高出許多，圖 8.17 為北極海 1979 年與 2007 年海冰影像的比較，北極海海冰範圍已大為縮減。

小博士解說

北極海海冰減少：

海冰指凍結的海水，浮在海洋表面上。北極海的海冰又可分為季節性的「新冰」和常年性的「老冰」。「老冰」為常年性海冰，終年結冰並持續到翌年，它們通常因常年覆蓋堆積成較厚海冰。「新冰」則是季節性的海冰，在夏季融化，冬季再結凍。

在過去的幾十年中，常年性海冰已經逐年下降，北極過去大約有 50% 至 60% 的面積被常年性海冰覆蓋，但近年比例已降至 30% 以下。北極海冰面積有時因該年冬季較冷而出現回升，但「老冰」持續的減少則反映了全球變暖的長期趨勢。受全球變暖影響，北極夏季的海冰融化的越來越多，且有越來越多的「老冰」流失到北極以外地區。此外「老冰」通常厚度較厚，因此「老冰」的減少也使得北極冰層總體厚度降低。

2012 年 9 月觀測數據顯示，最低海冰範圍低於 1979～2000 年 9 月平均值的 49 %，2014 年 9 月海冰面積比 1979～2000 年該月歷史平均值少了近 70 萬平方英里，海冰的厚度也減少，照此趨勢推論至 2030 年代，北極海夏季可能已無海冰存在。

北極海海冰的減少可能開闢了航運、石油及天然氣開採、旅遊和其他經濟活動的生機，不少航運公司已計畫不久後在北極海夏季通航，可節省龐大燃料開銷。然而它也可能影響北極圈的生態，許多物種將喪失其棲息地，一些依賴海冰生存的物種，例如：海象和北極熊等，可能成為受害者。海冰的減少也影響浮游生物的生長，間接衝擊漁業。沿岸海冰和凍土本有助於防止海岸被侵蝕，海冰和凍土的減少也將使海岸被侵蝕機率增加而變得更為脆弱。

海冰的變化

接近極區的暖化效應是全球平均值的 3 倍，因此北極海暖化效應嚴重

圖 8.17　北極海海冰範圍大為縮減

Unit **8-4**
凍土的變化

　　凍土（Permafrost）是指任何岩石或土壤，持續兩年或兩年以上溫度低於 0 ℃ 以下，凍土的深度從幾公分到幾百公尺不等，圖 8.18 為西伯利亞的永久凍土，圖 8.19 為凍土的標準剖面。

　　暖化效應使永久凍土漸漸融化，北半球的永久凍土帶，許多凍土在解凍中。解凍中的永久凍土使北極圈樹林東倒西歪，如同酒醉，稱為「醉樹」，因著永久凍土逐漸解凍，許多建築於永久凍土的房屋因地基不穩而傾倒，公路也受到嚴重破壞（圖 8.20）。北半球的永久凍土帶，如西伯利亞、阿拉斯加等地，以上凍土解凍現象都常發生。

　　凍土受到暖化效應而**解凍**（Thawing），釋放出大量的二氧化碳與**甲烷**（Methane）到大氣中，凍土覆蓋了全球陸地面積的 20%，在其下數十公尺深的表層土壤中，儲存了大量的碳。這些碳都是以**泥煤**（Peat）型態存在，是一種最粗質的煤，當永凍土解凍，微生物接觸到曾冰封的泥煤，並快速分解泥煤產生二氧化碳與甲烷。圖 8.21 是 NOAA 預測永久凍土融化的碳排放量。由於甲烷是重要的溫室氣體，其暖化效應比二氧化碳高 21 倍，科學家關心的是凍土解凍時所釋放的甲烷含量，由 1978～2012 年溫室氣體指數的數據顯示，圖 8.22 大氣中的甲烷含量也在逐年增加。因此凍土解凍釋放甲烷的暖化正回饋效應，未來可能更嚴重（圖 8.22）（Walter et al., 2006）。

188

小博士解說

氣候變化對凍土影響：
凍土一般可分為上下兩層，上層為冬凍夏融的活動層，下層是終年不融的永凍層。活動層是土壤表面層，在春季冰雪融化後開始解凍並繼續直到秋天，夏末時達到最大深度；冬季來到又開始重新凍結，直到初春，因此活動層可視為季節性凍土層。
許多數據均顯示近數十年來，凍土區在寒冷季節的凍結下降。許多地區已經看見永久凍土暖季解凍「顯著」增加（Frauenfeld et al., 2007）。總括來說，凍土深度和在凍土的量的都在減少。反之，出現了季節性凍土層的增加，這增加的季節性凍土層也說明了永久凍土層的減少，因為它一旦失去「永久性」而成「季節性」，就不再是永久凍土，這些都是由於氣溫上升，積雪變化對凍土產生的影響。

凍土的變化

圖 8.18　西伯利亞的永久凍土解凍

圖 8.19　凍土的標準剖面

◀ 圖8.20　房屋地基、公
路受到破壞

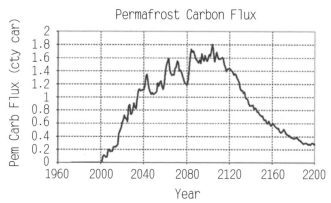

圖 8.21　預測永久凍土解凍的碳排放量（十億噸/年）（資料來源：
NOAA/NSIDC）

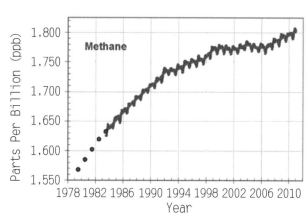

圖 8.22　大氣中甲烷含量（資料來源：NOAA / NSIDC）

第 **9** 章

氣候變遷的影響之二：
海洋的變化

Unit 9-1
海平面上升

一、前言

　　前面我們分析了近年來氣候變遷的原因，也已經研究過氣候變遷所造成的影響，如：冰川、海冰及凍土變化。以下我們將繼續探討氣候變遷對海洋的影響，包括海平面上升、洋流的變化、海洋的物理、化學、生物與地質等變化。

　　海平面上升如何測量，在 1993 年以前，其資料係由各地之**潮汐測量儀**（Tidal Gauge）紀錄，潮汐測量儀是測量海平面變化相對於基準的一個裝置（圖 9.1），全球約有 1,750 個測站，各地的海平面變化因此可以得知。1993 年以後迄今，衛星照相則可精確地測量全球海平面的上升，如圖 9.2 所示。

　　海平面上升可視爲由暖化造成的影響之一，關於未來海平面上升的預估，根據 IPCC 第四次評估報告預測本世紀末可能再增溫 1.1℃ 至 6.4℃（即 2 至 11.5℉），由此估計全球海平面在本世紀末將再上升 20 到 90 公分（8 至 35 英寸），之後還會繼續上升（圖 9.4）。

　　根據 IPCC 第五次評估報告，在 1901～2010 年間，海平面上升平均速率爲每年 1.7 毫米。在 1971～2010 年間，海平面上升平均速率爲每年 2.0 毫米，但在 1993～2010 年間，海平面上升平均速率遽升爲每年 3.2 毫米。圖 9.3 爲 1870 至 2004 年全球平均海平面上升，在 1870 和 2004 年之間，全球平均海平面上升了 195 毫米（7.7 英寸）。從 1950 到 2009 年，測量顯示平均每年海平面上升 1.7±0.3 毫米，從 1993 至 2009 年衛星數據顯示，每年上升 3.3±0.4 毫米，比以前估計的更快。

小博士解說

NASA：「21 世紀結束前，全球海平面上升至少 1 公尺」
隨著全球暖化造成的氣候變遷加劇，海平面上升儼然是無法避免的事實，最近 NASA 更對外表示（2015年），燃燒化石燃料導致的全球暖化，使全球海平面上升速度比預期中還要快，在 21 世紀結束前，全球海平面上升至少 1 公尺已是必然的結果。NASA 根據其衛星取得的數據指出，氣候暖化及融冰現象等因素，導致全球海平面從 1992 年起至今平均上升 3 英寸（約 7.62 公分），部分較嚴重的地區甚至上升了 9 英寸（約 22.86 公分）。NASA 的海洋學家警告：「人們應該要做好準備，在接下來的數十年、甚至可能好幾個世紀，我們都會面臨海平面持續上升的問題，問題是，它上升的速度有多快？」
海平面上升速度的不確定因素，主要是格陵蘭島及南極洲冰層的融解速率。過去幾年，數據顯示此兩地區冰層正迅速消融中，但科學家對冰層崩解的速度仍不確知，此外海平面上升對各地濱海區域影響程度也各有不同。

海平面上升

圖 9.1　潮汐測量

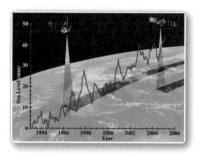

圖 9.2　衛星照相裝置

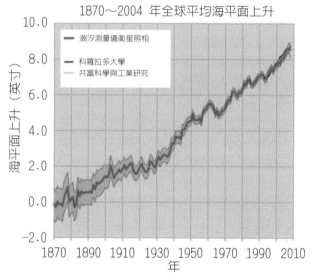

圖 9.3　1870 至 2004 年全球平均海平面上升

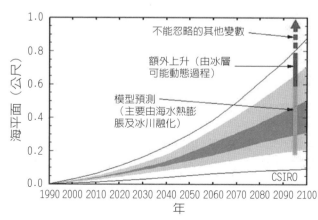

圖 9.4　IPCC 第四次評估報告預測未來海平面上升

2013 年， IPCC 公布第五次報告中預測未來氣溫與海水面上升，見表 9.1，其中預測本世紀末最好至最壞**情況**（Scenario）。之所以有各種不同模擬情況，係因未來排放到大氣的溫室氣體究竟有多少很難精確預估，所以只能作各種情況的模擬。最壞情況，根據 RCP8.5 模型預測全球平均溫度至世紀末將再上升 4.8℃，海水面上升 82 公分。但此預測並未考慮南極的西南極洲和南極半島冰體的變化，雖然 IPCC 對格陵蘭的冰層加速消失已較為確定，但也認為南極洲冰層消失的速率可能遠低於人們預期嚴重，因此有關南極的西南極洲和南極半島冰體變化，不確定性仍然很大（Edward Hanna 等，2013）。

　　海平面快速上升，主要是藉著兩個物理現象：海水的熱膨脹以及冰川的快速融化。

二、　海水的熱膨脹

　　大多數人都認知全球暖化使大氣變暖，但資料顯示，海洋的增溫也很快，大西洋、太平洋和印度洋的許多地區每過一世紀，海水表面增溫約 1℃，一些特定地區海水表面增溫甚至高達 2℃，圖 9.5 為 1900 年迄今海洋表面溫度的變化（Mark Fischetti, 2013）。

　　海水的熱膨脹效應是受到大氣內溫室氣體的影響，人為的暖化效應部分被海水吸收。海水的熱膨脹效應影響很大，海洋的熱容量大、吸收熱能緩慢，因此即使大氣內溫室氣體受到制約而停止增加，海洋因仍未達到熱平衡，會繼續熱膨脹。

小博士解說

IPCC 第一工作組第五次評估報告的決策者摘要：

IPCC 第五次評估報告分三個工作小組進行，第一工作小組著重探討物理自然科學基礎，第二、三工作小組則著重於調適與減緩。2013 年 9 月第一工作小組首先發表決策者摘要，其重要項目如下：

1. 最近三十年（1983～2012年）可能是北半球在過去一千四百年來最溫暖的三十年；
2. 北極海冰在最近三十年夏季的減少情況是過去一千四百五十年來前未見的；
3. 海洋上層（0～700 公尺深）在 1971～2010 年期間已經變暖；
4. 自 19 世紀中期以來全球平均海平面上升速率高於過去兩千年的平均。

第五次評估報告並利用四個溫室氣體濃度情景，考慮大氣中溫室氣體濃度在二十一世紀的可能變化。預測在最高溫室氣體濃度的情景下（RCP 8.5），2081～2100 年全球平均表面溫度及全球平均海平面有可能較 1986～2005 年平均升高 2.6～4.8℃ 及上升 0.45～0.82 公尺（表 9.1）。

表 9.1　IPCC 第五次評估報告

變數	情況	2046～2065年		2081～2100年	
		平均	可能範圍	平均	可能範圍
海洋表面溫度的變化(℃)	RCP2.6	1.0	0.4 至 1.6	1.0	0.3 至 1.7
	RCP4.5	1.4	0.9 至 2.0	1.8	1.1 至 2.6
	RCP6.0	1.3	0.8 至 1.8	2.2	1.4 至 3.1
	RCP8.5	2.0	1.4 至 2.6	3.7	2.6 至 4.8
全球平均的海平面上升(m)	RCP2.6	0.24	0.17 至 0.32	0.40	0.26 至 0.55
	RCP4.5	0.26	0.19 至 0.33	0.47	0.32 至 0.63
	RCP6.0	0.25	0.18 至 0.32	0.48	0.33 至 0.63
	RCP8.5	0.30	0.22 至 0.38	0.63	0.45 至 0.82

海水的熱膨脹

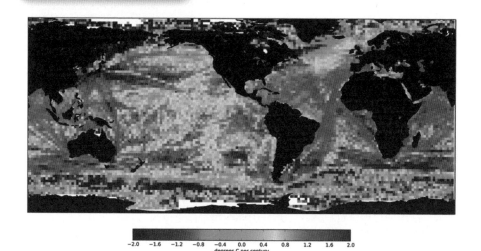

圖 9.5　1900 年迄今海洋表面溫度的變化 (Mark Fischetti, 2013)

海平面快速上升，主要是藉著海水的熱膨脹及冰川的快速融化現象，海水因大氣暖化而受熱膨脹，大氣暖化也加劇了高山冰川與大陸冰川的融化，海平面快速上升

三、 冰川的快速融化

在正常狀況下，高山雪線以上的冬季降雪及夏季融雪速率是相當的，因此高山冰川能維持在雪線高度。暖化加劇了高山冰川的融化，近年來全球暖化使高山降雪及融雪的平衡改變，結果造成所有南北半球的高山冰川都在快速的**後退**（Retreating），前面曾預估如果所有高山冰川全部融化，海平面將上升 1 公尺。

如前所述，暖化也加劇了大陸冰川的融化，加速海平面上升。目前全球多數的高山冰川與格陵蘭和南極冰層正加速融化，根據古氣候史，若地球冰川全部融化，將造成海平面上升七十公尺。

許多沿海地區及城市會遭到淹沒，情勢將極為嚴重。因為世界人口分布於沿海地區遠大於內陸地區，全球約有三分之一人口居住於距離海岸 50 公里以內地區，海平面上升必然引起大量人口的遷移。許多大城市均濱臨港口，如紐約、舊金山、邁阿密、北京、上海等大都會都可能面臨海平面上升帶來的困擾。全球有接近 21% 人口生活在距離海岸 30 公里以內（Gommes 等人，1998），而且此區域人口快速成長，這些高密度的人口居住於天災的高風險區，使他們極易受到天災的傷害成為氣候難民（Myers, 2001）。

海水上升嚴重時，受害程度最大的地區是：

1. 沿海城市。
2. 島國、全球許多小型島嶼受到海岸侵蝕與洪水災害。
3. 河口、人口密集的三角洲，例如亞洲主要河流三角洲（例如珠江三角洲），會受到河川與海水上漲兩面的夾攻衝擊。

台灣西南部地區海岸也面臨了嚴重的海岸流失問題，如台南市南區黃金海岸沙灘退縮嚴重情形即為例證之一（圖 9.6），原先濱海公路到海邊的沙灘長達近百公尺，數年來，沙灘卻退縮了近百公尺，大片美麗沙灘早已不復見，目前沙灘僅剩約 10~20 公尺，而政府所建置之消波塊、突堤等都被侵蝕得很嚴重。

小博士解說

黃金海岸漸流失，颱風侵蝕情況惡化：

台南的觀光景點「黃金海岸」、本就有沙灘流失的問題，因曾文水庫的攔砂壩影響及沿岸流所攜積沙被安平港海堤阻擋，使近年來海灘逐漸流失；而幾次颱風過境、風浪沖走了大量沙土，讓海岸被侵蝕的狀況更加惡化。黃金海岸的沙岸過去曾綿延數公里，寬度近百公尺，常有遊客在這裡踏浪。不過到了現在，延伸到海灘的樓梯被拉起封鎖線，沙灘早就不見，且遊客中心南側的觀景步道，因為地基掏空，都已經坍塌。為了確保遊客安全，台南市政府已經編列預算，要把觀景步道全部重建。除了重建步道，水利署第六河川局也在沿岸建造突堤來固沙養灘，但其成效還難以評估。

冰川的快速融化

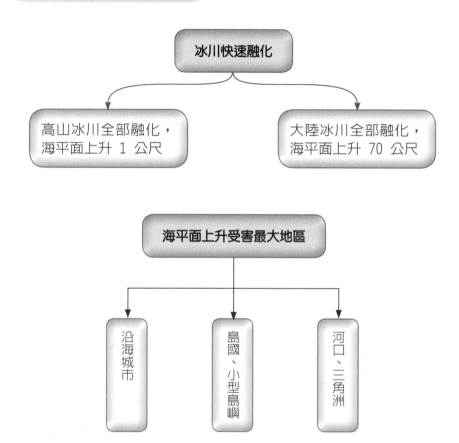

攝於 2005 年　　攝於 2013 年

退縮
近百公尺

圖 9.6　海岸流失例證：台南市黃金海岸沙灘退縮情形

Unit **9-2**
海洋的物理變化

一、海水溫度的變化

溫度及鹽度是海水重要的物理性質，兩者都影響著密度，此處我們要來探討氣候變遷對海水溫度、鹽度及海流變化這幾個海洋物理特性的影響。

海水的熱容量大，其比熱較空氣和陸地大得多，當大氣變暖，海洋、湖泊便負起調節氣溫的作用。海洋覆蓋了地表面積的十分之七，體積占地球表面水的總體積的 97%，海洋因此對全球氣候的維持及氣溫的變化產生巨大的調節緩衝作用。我們已觀察過圖 9.5 自 1900 年迄今海洋表面溫度的變化（Mark Fischetti, 2013），說明這個世紀海水表面的迅速增溫。因許多自然災害都與水文循環有關，海水的增溫因此造成近來各種極端氣候規模及頻率的加增。

二、海水鹽度的變化

海水鹽度的變化非常重要，因為：(1) 海水的鹽度影響密度，密度的差異則是造成深海環流的主要因素。(2) 觀測海水鹽度的變化將是說明海水的降雨、蒸發、河流注入與海冰融化等現象的一個敏感指針。

圖 9.7 是大西洋近年來海水鹽度變化，圖中顯示一個基本現象：中緯度、高緯度表面海水鹽度降低，熱帶、亞熱帶表面海水鹽度增加。

以上現象可由大氣的水文循環解釋，暖化使水文循環加速，熱帶和亞熱帶更多水分蒸發，在高緯度變冷，降雨回到海洋。這個海水鹽度的改變，是近年來大氣中的水文循環加速的最佳證明。

小博士解說

熱帶氣旋季節延長、規模增加：

海水的增溫造成極端氣候的增加，其中一例即為熱帶氣旋發生季節的延長及規模、頻率的增加。熱帶氣旋（在太平洋稱為颱風）的形成，需要廣大的水域及較高的洋面溫度，通常海水面的溫度必須達攝氏 26.5 度（華氏 80 度）以上，才能有足夠的水蒸氣蒸發，供應熱帶氣旋的能量。為此過去在北半球熱帶氣旋發生的季節，大多從 6 月至 11 月，但近年來卻常常提前或延後發生，且規模都很高，例如 2011 年 12 月 18 日「天鷹」颱風襲擊菲律賓，造成近千人死亡；2012 年 12 月 10 日「寶霞」颱風襲擊菲律賓南部，造成 620 人死亡、817 人失蹤；2013 年 11 月 8 日超強颱風「海燕」橫掃菲律賓中部地區，死亡人數超過 5,000 人，是菲國百年來遭遇最強勁颱風。這些颱風所造成的重大災害，說明海水增溫帶來的禍害。

圖解氣候與環境變遷

海洋的物理變化

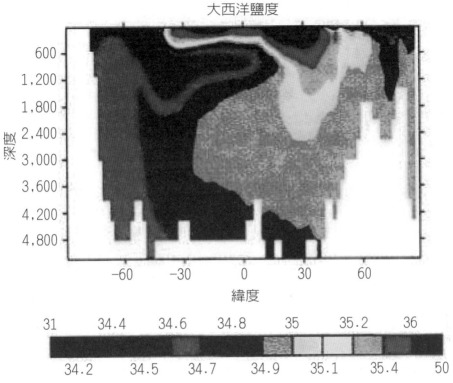

圖 9.7　大西洋近年來海水鹽度變化（Duffy & Caldeira, 1997）

中緯度、高緯度表面海水鹽度降低；熱帶、亞熱帶表面海水鹽度增加

三、海流的變化

海流的變化包括深海環流與表面洋流。

表面洋流是海洋表層海水的流動，地球 10% 的水牽涉表面洋流，在大洋上部 400 公尺作水平流動，主要帶動之力量是風。例如，主要影響洋流之地表的風是**貿易風**（Trade Winds）、**信風帶**（Easterlies）與**西風帶**（Westerlies）。

深海環流（Deep Circulation），又稱爲「溫鹽環流」，是一個依靠海水的溫度、鹽度和密度驅動的全球海流循環系統（圖 9.8）。例如，以風力驅動的海面水流如墨西哥灣暖流等，將赤道的暖流帶往北大西洋，暖流在高緯度被冷卻後下沈到海底，這些高密度的水接著流入洋底盆地南下前往其他的暖洋加熱循環，一次溫鹽循環耗時大約一千六百年。

圖 9.9 是簡化的全球海洋深層水流動循環圖，底層的線表示海底的寒流，表層的線代表海面的暖流，這道由各洋流組成的循環也被稱作「全球海洋輸送帶」，就是前述的「溫鹽環流」。

以上我們談論了溫度、鹽度的變化，這些會影響海流的變化嗎？一旦格陵蘭島的冰層快速融化，大量的淡水融入海洋，高緯度的海水鹽度及密度改變，深海「溫鹽環流」有否可能停止運作，如電影《明天過後》情景？高爾團隊在其《不願面對的眞相》的一書中曾提及此疑慮，他以一萬年前上次冰期末期爲例，北美五大湖的淡水傾瀉而出注入北大西洋，使北大西洋海水被嚴重淡化，「溫鹽環流」停止運作，西歐不再接受「灣流」帶來溫暖，北歐因此退回到冰河時期達九百年之久。以上這個問題目前並沒有答案，主要是海洋太複雜，我們仍沒有數學模型可作模擬，也缺乏廣泛的資料來追蹤這個問題。

小博士解說

溫鹽環流：

深海環流是因海水密度分布不均，致使海水流動造成海流的一種密度流，而海水密度差主要是受海水溫度及鹽度所支配，故深海環流又稱爲「溫鹽環流」。

溫鹽環流對溫度、鹽度的變化是非常敏感的，例如地中海區域因蒸發速率較快，溫度、鹽度較高，與大西洋間產生深海環流。二次世界大戰期間，德軍潛艇常從地中海出入直布羅陀海峽，到大西洋襲擊盟軍。盟軍在直布羅陀海峽以聲納監聽德軍潛艇活動，但德軍出入直布羅陀海峽時竟關閉引擎，藉海流航行，以致盟軍聲納系統無法發現德軍潛艇，屢屢被其逃脫，可見深海環流對密度差異是非常敏感的。

海流的變化

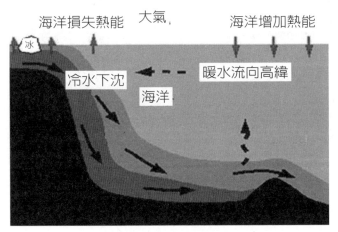

海洋損失熱能　大氣　海洋增加熱能

冰

冷水下沉　暖水流向高緯

海洋

圖 9.8　深海環流

深海環流，又稱「溫鹽環流」，是一個依靠海水的溫度和含鹽密度驅動的全球洋流循環系統，海洋溫度、鹽度的變化，可能影響深海環流的變化

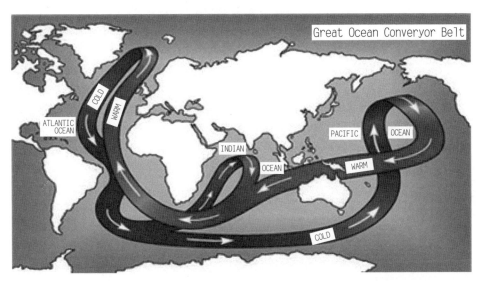

Great Ocean Converyor Belt

COLD　WARM

ATLANTIC OCEAN

INDIAN

OCEAN

PACIFIC　OCEAN

WARM

COLD

圖 9.9　簡化的全球海洋深層水流動循環圖

Unit **9-3**
海洋的化學變化：海水變酸？

　　二氧化碳極易溶解於水中，溶解在海洋中的二氧化碳含量（15%）是大氣中二氧化碳含量（0.0407%）50 倍以上，因為二氧化碳與水結合呈弱酸性，如下式所列，海洋因此可以溶解大氣中過量的二氧化碳，且二氧化碳可被迅速應用於海洋植物的光合作用。

$$H_2O + CO_2 \rightarrow H_2CO_3 \tag{1}$$

碳酸在海水中的化學過程如圖 9.10。
碳酸在海水中的化學反應式如下：

$$H_2CO_3 \rightarrow H^+ + HCO_3^-（次碳酸） \tag{2}$$
$$HCO_3^- \rightarrow H^+ + CO_3^{2-} \tag{3}$$
$$CO_3^{2-} + Ca^{2+} \rightarrow CaCO_3 \tag{4}$$

　　因為在海水中的碳酸，碳酸鹽和碳酸氫鹽緩衝行為，使海水呈弱鹼性，其平均 pH 值為 8.1。因為海洋溶解了大氣中人為產生過量的二氧化碳，使海水變得稍酸，其 pH 值減少 0.1（8.2 降為 8.1），並且因著海洋繼續吸收大氣中的二氧化碳，預期西元 2100 年以前，海水的 pH 值將降低 0.3 至 0.5。

　　溶解水中的 CO_2 形成碳酸根離子（CO_3^{2-}），它與海水中的鈣離子結合形成碳酸鈣（$CaCO_3$），碳酸鈣是動物性浮游生物（如有孔蟲等，圖 9.11）的殼或珊瑚與軟體動物骨架的主要成分。海水變酸不利於上述 (4) 式的反應，因此不利於生物的活動，且形成的碳酸鈣骨架更容易在酸性溶液中被溶解。

小博士解說

海水變酸影響海洋生物生存：
氣候變遷對海洋環境的影響可能大於我們想像，衝擊著海洋生物繁衍、生物多樣性以及漁業。
在第六章我們曾指出，人類燃燒化石燃料每年排放數百億公噸的二氧化碳至大氣，其中有數十億公噸被海水吸收，致使海水逐漸變酸。海洋酸度自十八世紀工業革命以來大為增加，預計到 2100 年酸度將更增加至 pH 值 7.9。海水變酸將影響到以鈣為基礎的翼足類浮游生物，這類生物是螃蟹、魚類、龍蝦、珊瑚蟲的主要食物來源。軟體動物與珊瑚等靠甲殼保護的海洋生物，皆對海洋酸化非常敏感，高酸度會令甲殼變軟變碎，危害這些生物生存，並引發連鎖效應，破壞海洋生態系統與生物多樣性，對漁業產生巨大衝擊。

圖解氣候與環境變遷

海洋的化學變化

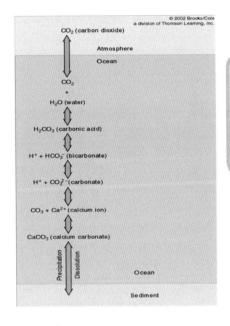

$$H_2CO_3 \rightarrow H_2O + CO_2 \text{------(1)}$$
$$H_2CO_3 \rightarrow H^+ + HCO_3^- \text{(次碳酸)------(2)}$$
$$HCO_3^- \rightarrow H^+ + CO_3^{2-} \text{------(3)}$$
$$CaCO_3 \rightarrow CO_3^{2-} + Ca^{2+} \text{------(4)}$$

◀ 圖 9.10　碳酸在海水中的化學反應

圖 9.11　有孔蟲化石

海水中的碳酸根離子（CO_3^{2-}）　＋　鈣離子（Ca）　＝　碳酸鈣（$CaCO_3$）。

碳酸鈣是動物性浮游生物的殼或珊瑚與軟體動物骨架的主要成分。

海洋因為溶解了大氣中人為產生過量的二氧化碳，使海水變得更酸；海水變酸不利於生物的活動，且形成的碳酸鈣骨架更容易在酸性溶液中被溶解。

Unit **9-4**
海洋生物的變化

氣候變遷威脅了許多物種的生存，有些物種甚至將因此瀕臨絕種，海洋生物也不例外，例如珊瑚、海龜、帝王企鵝、鯨魚等。

1. 珊瑚

珊瑚生長的條件非常嚴格，珊瑚是由珊瑚蟲構成，它的生長需要海水溫度維持在 23～28℃ 之間，鹽度在 33～36‰ 之間，以及充足的陽光光照強度、清潔的海水等，上述條件稍一不符，珊瑚生長即受到破壞。根據 IPCC 第四次報告，當全球平均溫度比 1990 年增高 1℃，會使珊瑚白化（Bleached，圖 9.12），進而導致全球 10% 的生態系統變質；增高 2℃ 時，全球將有大量珊瑚死亡，六分之一的生態系統變質，約有四分之一的物種會滅絕。當增加 3℃，地球上的陸緣植物將成為碳的唯一來源，超過五分之一的生態系統變質，將近 30% 的物種會滅絕。科學家且預言全球所有珊瑚在 2050 年以前都會死亡。分布在澳洲東北海岸的澳洲大堡礁，是著名的度假區，景色優美，但大堡礁正受到嚴重的珊瑚白化（圖 9.13），不久將絕跡。

前述海水變酸將不利於海水中碳酸鈣的形成，碳酸鈣是珊瑚與軟體動物骨架的主要成分，使珊瑚等生長較緩慢，**脫鈣化**（Decalcification）威脅所有含碳酸鈣生物的生長，例如動物性浮游生物、珊瑚與軟體動物，**浮游生物藻類**（Plankton Algae），棘皮動物（如海星、海膽），甲殼類動物（如龍蝦、螃蟹、蝦）、軟體動物（如蝸牛、蛤）。

2. 海龜

海水水溫的異常也造成水族生存的威脅，一些海洋生物能夠調節體溫適應環境，一些則不能。例如加勒比海的海龜瀕臨絕種，因為暖化，而使公海龜越來越稀少。海龜有一生存習性，當其長大以後，會回到自己的出生地海灘產卵，然後用沙把卵埋起來，而卵孵化的溫度必須維持在 25 至 32℃ 之間。牠們是公是母皆由溫度決定，溫度較低會孵出公海龜，溫度較高則會孵出母海龜。近年來由於暖化效應，而使海灘上的溫度超過卵孵化公海龜限度，影響所及，海龜卵所孵出的都是母海龜。有關海洋生物的變化在第十一章還有細述。

3. 帝王企鵝

帝王企鵝瀕臨絕種，因為海水的溫度升高，南極磷蝦生長緩慢。南極磷蝦生長需要較冷氣候，而這種小型甲殼類動物是帝王企鵝的主要食物。自西元 1950 年以來，帝王企鵝的數量因為全球暖化現象已經減少一半，南極的帝王企鵝面臨絕種危機。

4. 鯨魚與大西洋鱈魚

與帝王企鵝相同命運的是鯨魚的生存，南極磷蝦是帝王企鵝的主要食物來源，因南極磷蝦的消失，使鯨魚的生存也大受威脅，列入瀕臨絕種動物。此外大西洋鱈魚也傳出產量大幅降低，鱈魚位於食物鏈的上端，食用大量其他生物，因此它的減產可能也與暖化造成食物鏈下端浮游植物的分布改變有關。海水溫度異常影響生物生長的例子還有許多，這裡不逐一細述。

海洋生物的變化

(a)白化前　　　　　　　　　　　　　　　(b)白化後

圖 9.12　珊瑚白化前後

圖 9.13　澳洲的大堡礁珊瑚受到嚴重白化

海洋生物的變化（IPCC，2007）

- 當全球平均溫度比 1990 年增高 1°C 時，會使珊瑚白化，進而導致全球 10% 的生態系統變質。
- 當全球平均溫度比 1990 年增高 2°C，全球將有大量珊瑚死亡，六分之一的生態系統變質，約有四分之一的物種會滅絕。
- 當全球平均溫度比 1990 年增高 3°C，地球上的陸緣植物將成為碳的唯一來源，超過五分之一的生態系統變質，將近 30% 的物種會滅絕。

Unit **9-5**
海洋地質的變化

沿岸地區

　　氣候變遷也影響許多沿岸地區，情勢將日趨嚴重。因著世界人口分布於沿海地區遠大於內陸地區，全球約有三分之一人口居住於距離海岸 50 公里以內地區，海平面上升必然引起大量人口的遷移。許多大城市均濱臨港口，如紐約、舊金山、邁阿密、北京、上海等大都會都可能面臨海平面上升所帶來的困擾。全球有接近 21% 人口生活在距離海岸 30 公里以內，而且此區域人口快速成長，這些高密度的人口居住於天災的高風險區，使他們極易受到天災的傷害。

　　根據預測，未來海平面快速的上升，對地勢陡峭的沿岸，海岸後退可能尚不嚴重；但對地勢平坦的沿岸，海岸後退就很嚴重（圖 9.14）。IPCC 預估在 2081～2100 年海平面約上升 0.26 至 0.81 公尺，如果 2100 年海水位上升了三分之一公尺時，則美國東北海岸將後退 15 至 30 公尺、加州海岸後退 65 至 130 公尺，以及佛羅里達州海岸因較平坦，後退達 300 公尺。此種現象必然造成許多海岸地區居民的困擾。在沿岸地區、海岸後退特別嚴重的有堰洲島與河口這兩個特殊環境：

1. 堰洲島

　　堰洲島（Barrier Island）或稱**濱外沙洲**（Offshore Bar），是個狹而長的海島，離岸且平行於海岸線。堰洲島在地質上是屬於極脆弱的結構，因位在陸地的最前緣，深受高能量波浪的侵蝕，導致它們多半逐年向陸地方向**後退**（Retreating），例如大西洋海岸平均每年後退速率 2 公尺。堰洲島是一個不安全、又不穩定的環境，但因海灘風景優美，成為休閒度假的好去處，其中有不少的堰洲島都已被相當開發，但也更增加它的不安全性與管理上的困難。例如**邁阿密灘**（Miami Beach，圖 9.15），雖是個有名的度假勝地，卻也面臨海岸後退的困境。

2. 河口

　　河口（Estuaries）也是極需保護的海岸環境，它是河流的出海口，淡水與海水的交會處，許多大城市都建築於河口，在全球人口居首的 32 個大城市中，有 22 個均位於河口，例如紐約（圖 9.16）、倫敦、上海、布宜諾斯等城市，所以是特別需要保護的環境。

　　河口的重要性是因為在河口處鹽度的變化很大，因生物對鹽度的適應非常敏感，在河口處的生物會隨處調適，來適應其環境鹽度之變化（正常的海水鹽度 35‰，淡水鹽度 0‰，河口各處鹽度在 0 與 35‰ 之間變化）。河口各處鹽度之變化，反映各處淡水與鹹水混合的結果，而在河口處的生物都已調適於該地的鹽度，若鹽度急遽變化，將造成生物的死亡。在河口處因生物對污染極為敏感，常使其成為污染的受害者，例如海水過熱及人類於海邊活動的污染，常造成藻類大量繁殖，並加速水質惡化且具有毒性，導致水族大量死亡。

海洋地質的變化：沿岸地區

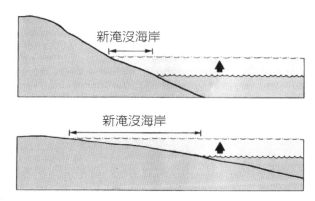

新淹沒海岸

新淹沒海岸

圖 9.14　海水位的上升造成有些海岸地區海岸線逐年後退

IPCC 預估在 2081～2100 年上升 0.26 至 0.81 公尺
，如果預期在 2100 年海水位上升三分之一公尺：
● 美國東北海岸將後退 15 至 30 公尺
● 加州海岸後退 65 至 130 公尺
● 佛羅里達州海岸因較平坦後退達 300 公尺

⟹ 海平面上升必然引起大量人口的遷移

海岸後退特別嚴重地區

堰洲島

河口

圖 9.15　邁阿密灘　　　圖 9.16　紐約市臨哈德遜河河口

第 10 章

氣候變遷的影響之三：
極端氣候增加

Unit 10-1
氣候變遷影響極端氣候

　　氣候變遷造成極端氣候增加，如第一章所述，資料庫顯示，全球每年重大天災次數正以每十三年增加一倍，每一世紀均以百倍速率增多，趨勢實在非常驚人。茲將近年來因氣候變遷造成極端氣候增多的事實陳述於後。

　　快速的暖化速率對全球氣候的影響極大，特別是極端氣候的事件，將會變得越來越頻密，全球各地旱澇不均的情形也日益嚴峻。一般說來，它們所造成的災害約占天然災害的七成左右。受到全球暖化的影響，這些極端型氣候，例如乾旱、豪雨、颱風、龍捲風等其他惡劣天氣，它們發生的頻率和強度都在逐年增加。

　　圖 10.1 是暖化增加極端氣候現象的解釋，此圖顯示各種天氣隨氣溫分配的機率，暖化使圖中平均數及均方差都增大，當暖化效果越顯著，整個氣溫分布機率曲線就越往增溫方向移動，假設氣溫高於某臨界值為熱的極端氣候，氣溫低於某臨界值則為冷的極端氣候，圖 10.1(c) 是結合圖 10.1(a) 平均值增加與圖 10.1(b) 均方差增加的結果，導致更多極端氣候及更多破紀錄的高溫天氣，熱的極端氣候發生機率升高，但冷的極端氣候發生機率相對降低。

210

小博士解說

極端氣候與氣候變遷：
極端氣候與氣候變遷兩者意義不同，在使用時須注意其差異。

- 氣候變遷：指的是氣候狀態的平均值或變異數的改變，是長期趨勢的改變，可能長達數十年或更長，如圖 10.1 所示。
- 極端氣候（Climate Extreme）或稱極端天氣事件及極端氣候事件，指的是某氣候數值高於或低於門檻值的事件。

氣候變遷會影響極端氣候的發生，但兩者使用時不能混為一談。
圖 10.1(c) 最能說明氣候變遷與極端氣候兩者關聯，在平均值和變異數均增加的情況下，發生高溫方面極端天氣及破紀錄天氣的機率都將大幅增加，並且也說明了為何頻頻發生破紀錄的極端天氣。在現今全球暖化不能有效遏止的趨勢下，未來極端氣候的發生恐怕還會更為加劇頻繁。

氣候變遷影響極端氣候

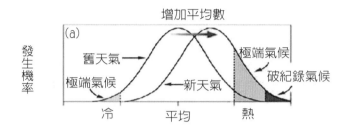

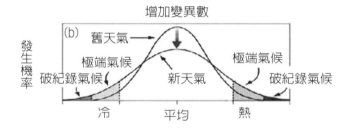

圖 10.1 受到暖化影響，氣溫分布機率曲線平均溫度及方差均往增溫方向移動，暖化對極端溫度的影響：（a）平均溫度升高，導致更多創紀錄的高溫天氣；（b）方差增大；及（c）平均值和方差均增加，從而導致更多極端氣候及破紀錄的高溫天氣（取自IPCC，2007）

知識補充站

氣溫分布機率曲線中平均數與方差的意義：
平均數與方差是統計學上機率計算常用的兩個項目，以說明機率的分布。平均數顧名思義，容易明白；方差是指分布的變化，在氣溫分布機率曲線中的意義，是指天氣的變化越來越分散，如每日最高溫更高、最低溫更低，或四季的變異更懸殊，冬日更冷、夏日更熱。變異數是方差的同義詞，在商業應用上通常指投資理財的風險評估，由此說明了為何平均溫度及方差均往增溫方向移動，會造成更多極端氣候及破紀錄天氣。

　　極端氣候災害大多與水文循環有關，這是因為水的獨特性，水是大氣中唯一能以三相（氣、液、固態）共存的物質（圖 10.2）。水的熱容量大，1 卡的熱可提高 1 公克的水 1℃，但亦可提高 1 公克的空氣 4℃，因此海洋、湖泊都有調節氣溫的作用。此外水的相位變化間所需的潛熱比大部分物質的潛熱大，1 公克的水從固態變成液態吸收熱 80 卡，從液態變成氣態吸熱 540 卡，因此水在相位變化間吸收或釋放大量熱能，因這緣故，水在極端氣候災害中扮演重要角色，所有極端氣候災害幾乎都離不開水的威脅。水固然是人類生活所必需，但也須達於平衡，水的供給若缺乏，易造成乾旱，過多則造成洪水，而水之多寡取決於大氣與海洋之間的平衡。

　　由於海洋溫度增加，水的蒸發加快，大量水氣被輸送進入大氣，導致有些地區短時間內降雨量升高，使暴雨及暴雨造成的水災、岩石崩塌、泥流、土石流等天然災害發生的機率提高。有些地區降雨量反而減少，變得更乾旱，導致內陸地區沙漠化加速，沙漠有擴大的危險。因高緯度暖化速率較低緯度快，高緯度極端氣候增多的影響可能更顯著。

　　因極端氣候，增強了天然災害的危害程度，近年來與氣候相關的災難越來越頻繁，各地常見的暴風雪、雷雨、龍捲風、熱浪、野火、沙塵暴、土石流等現象，規模都很嚴重，也令人憂心不已。因為極端氣候的發威，更多的潛在危機，恐怕都是我們所無法想像的。

小博士解說

台灣地區常見氣象型災害與氣候變遷：

台灣所處的地理環境本來就有多重的天然災害的威脅，極端氣候加強了天然災害發生，常見氣象型災害有以下幾項：12 至 2 月的低溫與寒流，10 至 4 月的乾旱，5、6 月梅雨季的豪雨，6 至 11 月的颱風、午後雷陣雨，10 至 11 月的強烈東北季風等，這些災害與台灣的地理位置與冷熱氣團的分布有關。

近年來因氣候變遷使水文循環加速，降水強度增加，上述常見氣象災害有增加趨勢，例如梅雨與颱風帶來豪雨，各地頻傳洪水、坍方、土石流等災情。另外乾旱災情也不時發生，乾旱間距有逐漸縮短趨勢，防澇與治旱工程都得同時進行，所謂「左手防澇，右手抗旱」，因此帶給各地區市政極大挑戰。

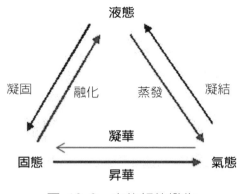

図 10.2 水的相位變化

水的獨特性：

1. 唯一三相同時共存物質
2. 水的熱容量大
3. 水的相位變化間潛熱大
4. 水的密度特性特殊
5. 水 的 固 態 型 式（冰）隔熱效果好

因為水的獨特性，水的相位變化間潛熱大，且極端氣候災害的產生多與水文循環有關，暖化因此致使極端氣候災害增加，暖化與極端氣候災害關係如下圖：

海洋溫度增加 ⇨ 水蒸發加快 ⇨ 大量水氣進入大氣

 有些地區短時間內降雨量增高

 暴雨造成的水災、岩石崩塌、泥流、土石流等極端氣候災害發生機率提高

Unit 10-2
極端氣候例證

　　氣候變遷，增加了極端氣候的危害程度，在 IPCC 評估報告中所列舉之極端氣候影響，包括：

　　一、熱帶氣旋：規模、時間、分布範圍均將加大。

　　二、洪水：規模、時間加大。

　　三、熱浪：規模、時間加大。

　　四、乾旱：規模、時間加大。

　　五、野火：規模、時間加大。

　　以下是氣候變遷造成各種極端氣候的例證。

一、熱帶氣旋

　　由於海洋的溫度增高，近年來熱帶氣旋平均數量增多、時間增長、威力加強。熱帶氣旋形成的條件是廣大的水域及較高的洋面溫度，通常海水面的溫度必須達 26.5℃（80℉）以上，才能有足夠的水蒸氣蒸發，進而提供熱帶氣旋的能量。由於科氏力的影響，一般多形成於南、北緯 5 度至 20 度海域，然後往高緯度移動。熱帶氣旋季節通常發生於 6 月至 11 月，可能因為海水過熱，近幾年強烈之熱帶氣旋數量增多，甚至 4、5 月與 12 月也常有熱帶氣旋的報導。

　　分析自 1970 年起熱帶氣旋實際事例，在一些主要海洋地區熱帶氣旋發生的次數有顯著的增加，而此一現象與這些地區地表溫度之上升是有相當的一致性。Emanuel（2005）分析近 30 年資料得到一個公式，即熱帶氣旋之破壞力與風速的立方成比例。Webster（2005）曾比較全球 1990 至 2004 年間與 1975 至 1989 年間發生之熱帶氣旋，發現一般規模之熱帶氣旋每年發生次數並無明顯增加（圖 10.3(a)），但極強烈之熱帶氣旋（指規模 4 至 5 級）發生次數與時間卻是加倍（圖 10.3(b) 與 10.3(c)），這是極端型氣候增加的顯著事例。除了因海水過熱使熱帶氣旋風力增強之外，近幾年熱帶氣旋風夾帶驚人雨量，也帶來極強的破壞力。

214

小博士解說

海水增溫與熱帶氣旋：

熱帶氣旋因海水增溫而增多、增強，雖然熱帶氣旋的數學模式複雜，理論上難以證明，但從經驗上可以證實（如圖 10.3 即為一實例），因此預期未來熱帶氣旋的風力及雨量都會增強。

極端氣候例證

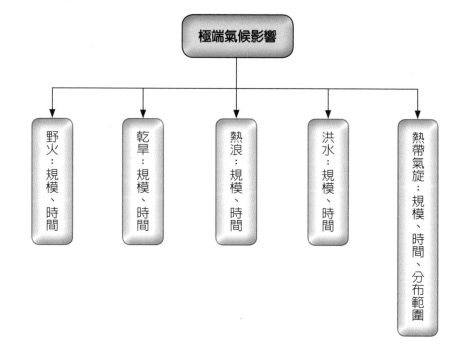

熱帶氣旋

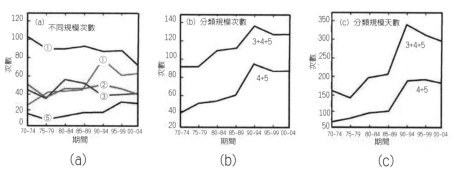

(a)　　　　　　　(b)　　　　　　　(c)

圖 10.3　因為海水變熱，熱帶氣旋發生的次數有顯著的增加。Webster
　　　　　比較全球 1990 至 2004 年間與 1975 至 1989 年間發生之熱
　　　　　帶氣旋，發現 (a) 一般規模之熱帶氣旋每年發生次數並無明顯
　　　　　增加；(b)、(c) 規模 4 與 5 級熱帶氣旋發生次數與時間均加
　　　　　倍

近年來熱帶氣旋造成災害的實例很多，以下我們回顧近年一些重要事例，說明其可怕的破壞力。

・實例一：卡崔娜颶風襲擊美國紐奧良市

2005 年，卡崔娜颶風襲擊美國東南岸邁阿密市時，尚為一級颶風，僅造成邁阿密市一些損壞，情況尚不嚴重；但它經過墨西哥灣襲擊美國南岸時，因墨西哥灣海水過熱，幾天內竟從一級輕度颶風升級至四級超級颶風（圖 10.4）。紐奧良市北面環湖、地勢較低，故建有堤防。颶風襲擊紐奧良市使堤防破裂，全市被水淹沒造成紐奧良市慘重災情（圖 10.5），死亡人數有 1,836 人。

・實例二：海燕颱風

2013 年 11 月 8 日，超強颱風海燕掃過菲律賓中部地區，帶來強勁降雨和 15 公尺高巨浪，由於風速過猛，在當地掀起巨浪、並摧毀大量建築，死亡人數超過 5,000 人，是菲國百年來遭遇的最強勁颱風（圖 10.6）。

小博士解說

從卡崔娜颶風災情所學教訓：

從卡崔娜颶風重創美國紐奧良市，我們學得一些教訓，得以認識今日極端氣候嚴峻的挑戰，即使先進國家如美國，都可能因疏於防範或救災遲緩而受到重創。因此任何國家都不能掉以輕心，須作好詳盡災前準備與災後配合工作，以期將傷害減少至最低。

2005 年 8 月 25 日卡崔娜以一級颶風襲擊邁阿密市，穿過南佛州後進入墨西哥灣，因海水過熱而迅速增強為五級颶風，此時氣象學家即已警告，只要一個三級以上颶風襲擊紐奧良市，即能沖毀該市北面堤防，但紐奧良市在災前卻未作任何防範措施。8 月 29 日卡崔娜以四級颶風重創紐奧良市，狂風暴雨沖毀北面堤防，洪水淹沒 80% 市區，電力及淡水供應中斷，數萬人受困，政府救災工作卻遲遲未展開，以致全市暴力搶劫事件頻傳。9 月 1 日紐奧良市長發出絕望的求救信號：「Somebody help!」，有關單位才開始行動。9 月 3 日布希派遣 7,000 名軍人及 10,000 名國民兵前往災區援助，紐奧良市失序狀態才逐漸恢復，但救災最重要的黃金時間已經錯過，造成災情更是慘重。

實例一：卡崔娜颶風因海水過熱迅速增至四級，重創美國紐奧良市

圖 10.4　2005 年卡崔娜颶風肆虐密西西比州的 Biloxi 市

◀圖 10.5　2005 年卡崔娜颶風襲擊紐奧良市，造成堤防破裂，全市被水淹沒

實例二：海燕颱風帶來強勁降雨和 15 公尺高暴潮

圖 10.6　強烈颱風海燕橫掃菲律賓中部地區，摧毀大量建築，造成超過 5,000 人死亡，是菲國百年來遭遇的最強勁颱風

二、雷雨

雷雨是空氣在不穩定狀況下，產生的劇烈天氣現象，常挾帶強風、暴雨、閃電、雷擊，甚至伴隨有冰雹或龍捲風出現，因此造成災害。氣候變遷導致對流旺盛，造成雷雨的機率增加，台灣地區每年 5、6 月進入梅雨季節，此時梅雨鋒面活躍，不時出現大型雷雨，且常持續數小時，帶來豪雨引起災害。

·實例一：2015 年 728 劇烈雷雨

台灣夏秋季節常受到太平洋高壓影響，因高層空氣冷，低層空氣暖，增強午後熱對流的發展，常引發劇烈的雷雨胞，伴隨閃電、驟雨以及強陣風、甚至偶有冰雹的發生。圖 10.7 為 2015 年 7 月 28 日午後發生的劇烈雷雨，帶來閃電與豪雨。

·實例二：2006 年 609 雷雨

圖 10.8 是 2006 年 6 月 9 日台灣附近紅外線雲圖。圖中顯示一道狹窄線狀的強對流帶，即是所謂的颮線。颮線發生時，通常都會出現雷雨，伴隨著強風豪雨，因此造成 6 月 12 日大豪雨及洪災。行政院提出 8 年 800 億治水計畫，以期解決台灣淹水問題。

小博士解說

颮線（Squall Line）：
雷雨常發生於颮線，颮線可視為雷雨推移線，就是一連串有組織、有系統的雷雨胞，以排成一線的方式前進，通常是乾空氣與冷空氣相碰撞。颮線的形成是因雷雨常由鋒面所造成，此時暖濕空氣被鋒面抬升引起強烈對流，形成鋒面雷雨，雷雨便出現在鋒面附近。
圖 10.8 是梅雨季節於台灣附近的一道颮線。颮線是一道風暴線，通常都會帶來強風豪雨，高度可達 9,000 多公尺，範圍數公里，有時可長達數百公里，甚至數千公里，颮線通過之後，風雨立趨緩和。

雷雨

圖 10.7　2015 年 7 月 28 日午後發生的劇烈雷雨，帶來閃電與豪雨

雷雨是空氣在不穩定狀況下，產生的劇烈天氣現象。台灣夏秋季因午後熱對流，常引發劇烈的雷雨，伴隨閃電、驟雨以及強陣風。

氣候變遷導致對流旺盛，造成雷雨的機率增加，台灣近年來每逢梅雨季節常有豪雨報導，在天氣圖上可見到明顯的颮線，颮線是一道風暴線，通常都是雷雨，帶來強風豪雨，高度可達數千公尺。

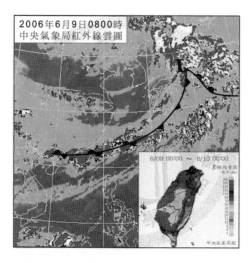

圖 10.8　近年來台灣雷雨頻繁、規模均增加，圖中為 2006 年 6 月梅雨季節於台灣附近的一道颮線，造成嘉南地區大豪雨及洪災

三、洪水

許多自然災害都離不開水的禍害，氣候炎熱導致對流旺盛，造成大型的雷雨，此外熱帶氣旋暴風半徑增加，因此每每挾帶大量雨水，這些都造成洪水災害。2005 年 6 月的梅雨造成 612 水災，嘉南地區嚴重淹水；2008 年辛樂克颱風、2009 年莫拉克颱風、2010 年凡納比與梅姬颱風等，都帶來大量雨水，造成重大災情。

由於海洋溫度增加，水的蒸發加快，一般而言，全球總降水量在增加。氣候變遷影響降水模式，大多數地區均發生更頻繁更強的降水事件，各地降雨量及表面逕流都在改變。此外強降水與乾旱趨於兩極化，即雨季越濕、乾季越乾。

・實例一：澳洲昆士蘭水災

> 2011 年 1 月澳洲昆士蘭水災，約 20 萬人受災（圖 10.9）。澳洲昆士蘭 50 年來最嚴重水災向南蔓延，洪水範圍已擴大至澳洲第三大城市。昆士蘭當局證實，洪水已造成 8 人死亡，72 人失蹤。

・實例二：泰國洪災

> 2011 年 9 至 10 月，泰國發生數十年來最嚴重的洪災，特別引起國際關注，洪水衝擊曼谷北方工業區，造成美國、日本等國際大廠的嚴重損失（圖 10.10）；同時洪災威脅了首都曼谷，影響觀光業，淹水區域涵蓋稻米重要產地，造成 500 人以上死亡，約 1,000 萬人受災，經濟損失超過 1,000 億泰銖。

小博士解說

近年來洪災增強原因：

(1) 氣候變遷因素：近年來因氣候異常，降水強度增加，雨季、颱風常帶來超大豪雨，河水常超過河道最大負荷，漫過兩岸造成洪水。

(2) 都市化因素：雨水降落地表後，一部分滲入為地下水，藉地下水減少河道的負荷。城市都市化使用許多不透水的建材如瀝青與水泥等，減少了土壤的滲透性，增加表面逕流及河道的負荷，因此增加了發生洪水的機率。

(3) 植被因素：植物可保護土壤免於直接暴露於逕流，樹木的根部會伸入土壤，使其鬆動，增加土壤的滲透率並滲入為地下水；樹葉藉蒸散作用排出水分，將水釋放於空中，保護植被以減少河道負荷，因此非常重要。近年來因山區過度開墾，上游集水區有不少濫墾、濫伐情況，水土流失嚴重，產生許多泥砂造成河道淤塞。

圖 10.9　2011 年 1 月昆士蘭水災

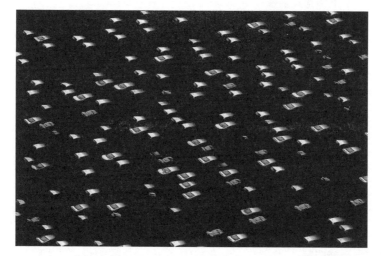

圖 10.10　2011 年泰國洪災，約 1,000 萬人受災，經濟損失嚴重。圖中
　　　　　為本田汽車曼谷廠受創，汽車泡湯情形

暖化引起對流旺盛，常造成大型雷雨；
也使熱帶氣旋能量增加，每每挾帶大量雨
量，這些都釀成洪水災害

四、乾旱

乾旱指某一地區長期無雨或高溫少雨，使空氣及土壤的水分缺乏。乾旱一般區分為氣象乾旱、農業乾旱、水文乾旱等。氣象乾旱是指因長期降水短缺、空氣乾燥，而引起土壤缺水的氣候現象。農業乾旱是指在氣象乾旱一段時間後土壤水分不足，導致農作物受害狀況。水文乾旱是指降水短缺一段期間，造成河道流量減少，湖泊或水庫容量減少及地下水位下降。

氣候變遷使地表冷熱的平衡機制失常，有些地方雨量過剩造成水災，有些地方雨水缺乏造成乾旱。根據中央氣象局近三十年的資料顯示，台灣年總雨量並沒有明顯增加或減少，但年降雨日卻一致性的減少（圖 10.11），使豐枯交替頻繁又加劇。

人和牲畜不可一日缺水，農作物灌溉也須用水，氣候變遷造成各地乾旱缺水，情勢非常嚴重。台灣近年來也常傳出乾旱警訊，2015 年一月台灣爆發六十七年來最嚴重旱災，各處水庫水位下降達歷年最低，許多城市作出第一、二階段限水措施，農民被迫作出第一期農業休耕。

> **・實例一：非洲查德湖變遷**
>
> 非洲中西部的查德湖（Lake Chad）的變遷是乾旱實例之一，1963 年查德湖的面積有 2.5 萬平方公里，到了 2007 年即便是在雨季漲水期，淺平寬廣的查德湖也沒有如期伸展，面積始終不到 2,000 平方公里，甚至縮減至原來湖面積的 1/10（圖 10.12）。查德湖湖面劇減有幾個原因：(1) 注入湖泊的幾條河流水量減少、(2) 氣候變遷使湖面蒸發速率加快，以及 (3) 受到沙漠化的影響。
>
> 查德湖對非洲是很重要的，因為它提供水源給查德、喀麥隆、尼日及奈及利亞等四個國家，也是居住在環繞撒哈拉沙漠邊緣超過 2 千萬人的飲水來源，查德湖的乾枯會造成非洲許多居民生活的困難。

> **・實例二：台灣乾旱**
>
> 台灣近年來也常發生乾旱，雨量長期偏低，水庫水位下降落於警戒線以下，造成飲水、灌溉的困難。圖 10.13 為 2011 年北部、南部發生的水庫乾枯現象。圖 (a) 為 2011 年 5 月，石門水庫大乾旱，水位下降，造成溪床見底，大溪鎮阿姆坪大片水域變成乾河床。圖 (b) 為 2011 年 12 月，台灣南部缺水，南部的主要水源曾文水庫蓄水量不到四成。

乾旱

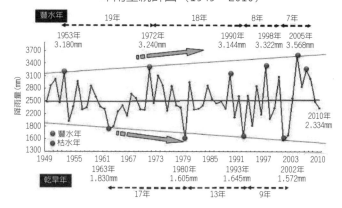

圖 10.11　台灣近年來年雨量變化趨勢，顯示豐枯交替頻繁又加劇（資料來源：經濟部水利署）

實例一　非洲查德湖變遷，查德、喀麥隆、尼日及奈及利亞等國飲水困難

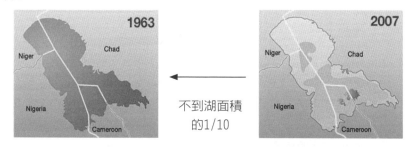

圖 10.12　查德湖乾旱嚴重，湖面逐年縮減，圖為查德湖湖面不同年份的比較

實例二　台灣乾旱

(a)　　　　　　　　　　　　　　　(b)

圖 10.13　台灣近年來常發生乾旱，雨量長期偏低，水庫水位下降至警戒線以下，造成飲水、灌溉的困難。

五、熱浪

熱浪是指天氣在一段長時間保持過分炎熱，同時可能伴隨著很高的濕度。當氣候炎熱且濕度高，空氣中水蒸氣蒸發速率慢，身體無法藉排汗降溫以保持固定體溫，人體的溫度便會升高而致病。許多老年人及幼童因身體適應機能較差，熱浪發生時特別容易受害。

對於熱浪的界定各地不同，世界氣象組織建議，當連續 5 天每日的最高溫度超過平均最高溫度 5℃ 時，即為「熱浪」。氣候變遷使得近年來夏季特別炎熱，證據顯示，近年來各地平均溫度均在增加，並且較高溫度的天數也比較長（IPCC, 2007），尤其是在歐洲和美國一些中緯度地區更為明顯。

熱浪發生時，常見的症狀有中暑、熱衰竭、熱痙攣等。

・中暑是指身體無法對其溫度進行自我調節，體溫急速上升，排汗功能失效，身體無法自行降溫。

・熱衰竭是人體在高溫環境下，身體流失大量水分及汗液中鹽分後作出的反應。

・熱痙攣發生於高溫環境下劇烈活動出汗過量人群，肌肉因缺少鹽分引起疼痛的抽筋症狀。

以下是近年來一些熱浪災害造成的傷害實例：

・實例一：2003 年歐洲熱浪來襲

2003 年的歐洲熱浪（圖 10.14）奪走許多人命，，導致歐洲共有 35,000 人喪生，單是法國，就有14,802 人死亡，是熱浪襲擊最嚴重的國家。

・實例二：2006 年美國及加拿大熱浪

2006 年 7、8 月熱浪橫掃美國及加拿大（圖 10.15），造成至少 225 人死亡。

六、野火

氣候變遷也是全球各處大型森林火災頻傳的原因，高溫加上乾旱，使得野火頻傳。俄羅斯、美國、澳洲等地近年來常傳野火燎原事件，每次火勢範圍都很大，燒毀許多房屋。2010 年 8 月俄羅斯森林野火，摧毀了 1,100 萬公頃的農地。2011 年 9 月美國德州森林野火，燒毀 360 萬英畝。2012 年美國科羅拉多、愛達華、俄勒岡州等地野火，燒毀 900 萬英畝及房屋 2,125 棟。圖 10.16 為 2012 年 6 月 29 日美國科羅拉多州一場森林大火（Colorado Springs）。

熱浪

實例一

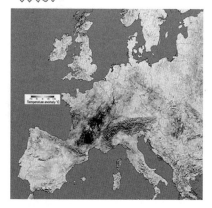

◀ 圖 10.14　2003 年熱浪席捲歐洲，造成多人死亡

實例二

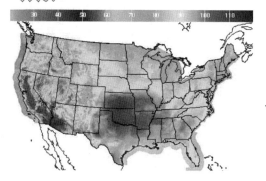

◀ 圖 10.15　2006 年 7 月 20日美國境內各地單日最高溫度

野火

實例一

◀ 圖 10.16　2012 年 6 月 29日美國科羅拉多州森林大火

七、暴風雪

氣候變遷也使冷熱氣候分布異常，頻頻造成了強烈的暴風雪，其威力驚人，不容忽視。

・**實例一：2008 年 1 月中國大陸暴風雪**

2008 年 1 月中至 2 月初，中國大陸華中、湖南等地區出現 50 年來罕見暴風雪（圖 10.17），有 19 個省份受災，約 1 億多人直接受到雪災影響，170 多萬人被迫撤離，經濟損失高達 109 億美元。氣象學家推測可能是反聖嬰（La Nina）現象造成。

・**實例二：2013 年尼莫超級風暴**

2013 年 2 月，美國東北部新英格蘭地區發生尼莫超級風暴，是數十年來遭遇的最強暴風雪，降雪達 90 公分，且伴隨時速 120 公里的強風（圖 10.18）。麻州、羅德島、康乃迪克州、紐約和緬因州都宣布進入緊急狀態。新英格蘭地區超過 70 萬戶停電，15 人喪生，2,500 萬人受影響。

八、龍捲風

氣候變遷造成氣流不穩定，最易引起龍捲風，近年來龍捲風數量增多，規模增強，是氣候變遷的證明。2008 年 2 月至 5 月美國發生龍捲風，襲擊阿肯色、密西西比等八州。2011 年 3 至 5 月，美國中西部地區發生龍捲風，災情比 2008 年更嚴重，累計造成 570 人死亡，超過美國前十年總和。2013 年 11 月 17 日，一個罕見多季暴風系統橫掃美國中西部 7 個州，引發大約 80 個龍捲風，有 5,300 萬人受害，8 人死亡，數十人受傷，預計經濟損失超過 10 億美元。

・**實例一：2014 年 4 月龍捲風襲擊美國中西部**

2014 年 4 月 28 日，龍捲風侵襲美國中西部阿肯色、奧克拉荷馬等 6 個州，奪走至少 35 條人命，超過 2,000 棟房屋損毀，龍捲風橫掃過阿肯色州維羅尼亞市，城鎮幾乎全毀（圖 10.19）。

暴風雪

實例一

圖 10.17　2008 年 1 月中國大陸暴風雪

實例二

圖 10.18　2013 年「尼莫」超級風暴

龍捲風

實例一

圖 10.19　美國中西部龍捲風造成嚴重災情

九、沙塵暴

氣候變遷也造成沙漠的擴大，例如撒哈拉沙漠的南侵與中國戈壁的擴展，使許多可耕地喪失功能，有越來越多瀕臨沙漠的城鎮受到沙塵暴襲擊。北京近年來常為沙塵暴所苦，而且沙塵暴的範圍逐年擴大，甚至韓國、台灣、福建各處也常有沙塵暴來襲。

・實例一：2011 年鳳凰城沙塵暴

2011 年 8 月 18 日，美國亞利桑那州鳳凰城遭遇沙塵暴襲擊，強風橫越沙漠地區，風速超過每小時 80 公里，漫天黃沙遮蔽天日（圖 10.20）。

・實例二：2015 年北京沙塵暴

2015 年 4 月，北京遭遇 13 年來最強的沙塵暴襲擊，黃沙蔽日（圖 10.21），能見度很低。全市空污指數破表，民眾紛紛以衣物遮住口鼻，避免吸入細沙。北京各個空氣監測站測出的 PM 10（懸浮顆粒）達到每立方公尺 1,000 微克以上。

以上各種極端氣候事例，說明近年來氣候變遷如何影響產生極端氣候，造成人員財產嚴重的損失。因著氣候變遷的趨勢，預期未來各種罕見的極端型氣候將更頻繁加劇。

小博士解說

沙塵暴形成原因：
沙塵現象被界定為一種不穩定強氣流捲起沙塵，導致能見度降低的天氣現象，以能見度作分類。能見度在 1 公里或以下，200 公尺以上稱為沙塵暴；能見度在 200 公尺以下的稱為嚴重沙塵暴。
沙塵暴形成原因有三：
(1) 當地面颳起強風，砂粒便隨風揚起，顆粒越細，可達高度越高。
(2) 豐富的沙源，提供沙塵暴源源不絕來源，例如沙漠、黃土或乾涸的河床等。
(3) 不穩定氣流，使揚沙有機會飛到高空，影響範圍廣大。

沙塵暴

圖 10.20　鳳凰城沙塵暴

圖 10.21　北京沙塵暴襲擊

知識補充站

沙塵暴保護措施：
每當沙塵暴來襲，呼吸器官疾病及心血管疾病患者便大幅增加，因此要注意做好保護措施。除了避免在沙塵暴來襲時外出或長時間滯留戶外，防塵、濾塵口罩絕不可少。另外可用沾濕的棉花棒清潔鼻孔並漱口清潔口腔，減少沙塵附著；室內則可使用空氣濾清器或空調以過濾髒空氣。若持續咳嗽、咳痰、胸口疼痛或慢性過敏性疾病發作，要儘快就醫診治。最根本的方式就是平時作好呼吸道保養、提升免疫系統功能、增加抵抗力以防範沙塵暴侵襲。

第 **11** 章

氣候變遷的影響之四：
生態系統改變

Unit **11-1**
氣候變遷對生態系統改變的影響

　　氣候是生態系統的一個重要環境因子，氣候變遷會以各種方式影響生態系統，例如，氣候變暖可能迫使物種遷移到高緯度或高海拔地區，那裡的溫度更有利於它們的生存。同樣，由於海平面上升，海水侵入淡水系統，可能會迫使一些關鍵物種遷移或死亡，從而清除敵害或獵物，這些變化對食物鏈影響至關重要。氣候變遷不僅直接影響生態系統和某些物種，它也間接影響整體人類生存。個別來說，某些氣候因素可能只造成些微改變，但其累積的影響也可能導致巨大的生態變化，例如：氣候變遷可能加劇脆弱的沿海地區的開發難度，海陸交界的濕地特別容易受到侵蝕，卻常遭人忽視。

　　氣候變遷造成生態系統改變，植物與動物的生態系統，對氣候的變化是非常敏感的。IPCC 第五次評估報告中指出，全球平均表面溫度，在 1880～2012 年間升高了 0.85℃；在 1951～2012 年間，每十年溫度升高 0.12℃，並預測本世紀末有可能再增溫 1 至 4.8℃（圖 11.1）。這樣快速的增溫趨勢，是否已經造成全球生態系統重大改變？未來其衝擊是否更嚴重？

　　根據 IPCC 第三次評估報告，氣候變遷所造成生物系統的影響（IPCC, 2001），顯示在範圍、豐度、物候期及微小變化等幾方面。包括如下：

232

(1) 在範圍上：植物和動物的範圍，向兩極和高海拔遷移，例如歐洲和北美的蝴蝶將牠們的活動範圍向北移動了 200 公里。

(2) 在豐度上：植物和動物的種群數量發生了變化，在一些地方增多，而在另外一些地區減少。

(3) 在生物氣候學（Phenology）上：許多物種生命週期改變，如開花期、遷移和昆蟲出現的提前或延後，例如青蛙的產卵、花的開放以及鳥類的遷移時間都提前，台灣高山櫻花近年來都提早幾個月開花。

(4) 差異變化（Differential Change）：物種以不同速度和不同的方向在改變，造成物種間相互作用的崩解（例如，捕食與被捕食的關係）。

小博士解說

IPCC 第四次報告評估氣候變遷對生態系統影響：

IPCC 第四次評估報告指出，氣候變遷造成許多生態系統適應彈性的變化，此外，陸地生態系統的碳淨吸收也將產生巨大變化。IPCC 並預測，如果全球平均溫度增幅超過 1.5℃～2.5℃，評估有 20%～30% 的動植物物種可能面臨增大的滅絕風險。如果全球平均溫度增幅超過 1.5℃～2.5℃，並伴隨著大氣二氧化碳濃度增加，在生態系統結構和功能、物種的生態相互作用、物種的地理範圍等方面，預估會出現重大變化，並造成許多不利的後果。

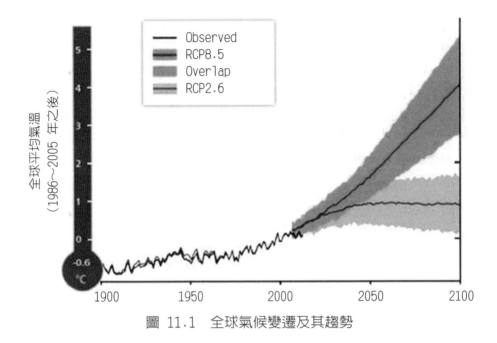

氣候變遷造成生態系統的改變

圖 11.1　全球氣候變遷及其趨勢

氣候變遷對生態系統改變的影響

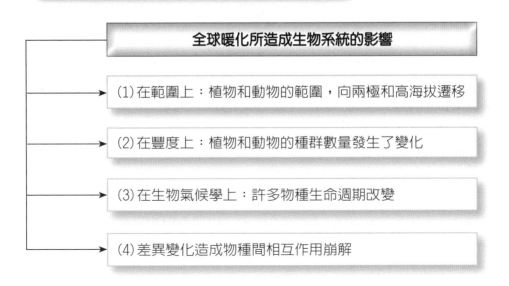

全球暖化所造成生物系統的影響

(1) 在範圍上：植物和動物的範圍，向兩極和高海拔遷移

(2) 在豐度上：植物和動物的種群數量發生了變化

(3) 在生物氣候學上：許多物種生命週期改變

(4) 差異變化造成物種間相互作用崩解

　　IPCC 在第五次評估報告中，第二工作小組結論氣候變遷對生物系統的影響按其分布如下述（IPCC, 2014）：

一、跨域性關鍵風險

　　跨域性關鍵風險是主要風險因子，可能帶來嚴重的衝擊，包括下列項目：

　　1. 沿岸及海洋生態系、生態多樣性，以及仰賴生態系供給之物產、功能和生態服務的沿岸地區生計將遭受損失，此中尤以對熱帶和北極圈的漁村影響最大。

　　2. 失去陸域、內陸水文生態系統、生態多樣性，以及其所能提供人類生存之生態服務。

二、陸域及淡水生態系統

　　在二十一世紀及之後，許多陸域及淡水生態物種滅絕的風險增加，有些物種可以適應新的氣候型態，但那些無法充分快速適應者，數量將大量銳減。氣候變遷的規模與速率，使得物種組成、結構和功能上難以回復改變。有些案例可能在氣候上引起顯著衝擊，如北極圈凍原系統與亞馬遜河雨林。陸域生物圈中所儲存的碳（例如在泥炭地、永凍土與森林）容易因氣候變遷、森林砍伐、生態系退化而逸失到大氣中。

三、　沿海與低窪地區

　　整個二十一世紀與之後，沿海系統及低窪地區將因海平面上升，越來越常面臨如海岸線退縮、沿岸水患與海岸侵蝕等不利影響。未來數十年，因為人口成長、經濟發展和都市化，暴露在海岸相關風險的人口和財富將會顯著增加，人為活動對沿海生態系統的壓力亦然。

四、海洋系統

　　預期到了二十一世紀中之後，氣候變遷將導致全球敏感地區之海洋物種重新分布且物種多樣性降低。海洋物種因暖化而產生的空間位移，使得物種入侵高緯度區域，在熱帶和半封閉海域則有局部高滅種率。在中高緯地區，物種豐富度會增加，但在熱帶地區就會減少。

小博士解說

氣候變遷衝擊生態系統：

氣候是生態系統的一個重要環境因子，因此生物對氣候的變遷非常敏感，其敏感度又因物種的特性而異。氣候變遷使一些環境因子改變而影響生態系統，這些環境因子包括：溫度、降雨型態與分布、海平面上升、水質、極端氣候增加等，其改變都衝擊生態系統。生態系統是一個具有階層性的複雜系統，彼此間有錯綜複雜的交互作用關係，氣候變遷因此衝擊生態系統，如本節所述。

IPCC第五次評估報告

IPCC 第五次評估報告，氣候變遷對生物系統影響

(1)跨域性關鍵風險

(2)陸域及淡水生態系統

(3)沿海與低窪地區

(4)海洋系統

知識補充站

動物、植物如何適應氣候變遷：

氣候變遷既是全球暖化後不可避免的結果，動物、植物如何適應此氣候變遷的趨勢呢？

動物的適應大多數是藉著遷徙，由於動物活動能力較強，面對自然環境的改變，一些動物會遷徙到比較能適應的環境，例如：從低緯度遷到高緯度、從低海拔遷到高海拔；但仍有一些動物受地理環境限制，無法遷徙離開所處環境，這些物種將面臨滅絕危機。研究人員也發現，動物對氣候變化產生的反應與體型大小相關，體型較大的動物，一般對氣候變化反應較強烈；一些體型較小動物對此反應不明顯。此外某些物種的突然增減，也會造成物種間相互關係改變，食物鏈的結構因而受到調整。

植物族群因為缺乏迅速移動能力，一般來說面對氣候變遷調適能力較差，但也會盡可能作某些方面的調適，例如北半球高緯度地區森林界線向極區移動，高山草原的分布也往高海拔地區移動。研究人員也發現，植物經過長時間演化後，會自然產生對於不同氣候環境條件反應的差異，這樣的差異通常存在於植物基因組內。植物也可以藉由雜交的方式引進優勢基因，進一步的進行對氣候變遷的調適。

Unit 11-2
氣候變遷對生態系統各種不同層次的影響

　　總括來說，按照氣候變遷對生態系統各種不同層次的影響，我們大致可將其影響分為以下六類（參考美國環保局）：

一、物種生命週期時序

　　對於許多物種，它們的居住地或一年中部分的居住地氣候影響它們每年的生命週期，如遷移、開花，和交配的關鍵階段。隨著近幾十年氣候變暖，這些事件發生的時序在部分地區已經改變。而這些變化有可能導致物種錯失了遷移的時機、繁殖、食物的供給。許多實例顯示，物種遷移到達新地點後缺少食物來源，以致生長和存活率降低。

二、生物生存範圍的移動

　　隨著氣溫的升高，許多物種的棲息地範圍向高緯度和高海拔移動。這意味著有些物種擴大它們的生存範圍，有些物種縮小它們的生存範圍或移動到不友善的棲息地並使生存競爭加劇。甚至有些物種則因為已經達到它們在棲息地緯度或高度的上限而無處可去。

三、食物鏈受干擾

　　氣候變化對特定物種的影響可以干擾食物鏈，影響範圍廣泛的生物。例如，圖11.2 中顯示了北極熊在食物鏈的複雜性。在北極區，海冰持續的時間與範圍的下降，導致冰藻的豐度下降。這些藻類是浮游動物食物來源，浮游動物是北極鱈魚食物來源，北極鱈魚又是許多海洋哺乳動物的重要食物來源，包括海豹。北極熊食用海豹，因此，冰藻的豐度下降導致了北極熊數量下降。

小博士解說

暖化威脅海洋食物鏈：
全球暖化引起的氣溫上升、氣候型態改變帶來連鎖效應，從海洋食物鏈底層的浮游生物、藻類，到位於頂層的掠食者，許多物種都正受到衝擊。海洋中的浮游植物，是海洋食物鏈最基層的微小生命體，它們的數量正因為海洋表面溫度暖化的影響而銳減。雖然浮游植物的體積很小，無法以肉眼分辨，卻是海洋食物鏈的重要環節，它們的減少，使海洋食物鏈的各層都面臨食物來源的缺乏，有些物種甚至面臨滅絕危機。

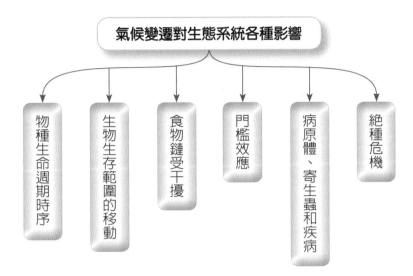

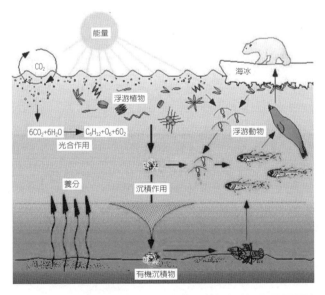

圖 11.2　北極區食物鏈受影響（摘自美國環保局）

四、門檻效應

在某些情況下，生態系統可能因為一個門檻值或關鍵值，而使生物生態發生急遽變化。也因門檻值的影響，導致生態系統迅速發生變化且不能還原。例如珊瑚礁的變化，它們失去了居住其組織內且對其健康重要的微生物，以致造成所謂的珊瑚白化。由於海洋變暖及海洋的酸度增加，珊瑚白化和死亡的現象可能變得更加嚴重（圖 11.3）。

五、病原體、寄生蟲和疾病

氣候變遷改變了生態系統的性質，使生態條件有利於病原體、寄生蟲和疾病的傳播，對人類健康，農業，漁業等造成潛在的嚴重影響。全球氣溫的上升，非常明確的影響是，各種疾病向高緯度、高海拔地區蔓延開來。有些已經絕跡的疾病病原，因氣候變遷又找到機會傳播而死灰復燃，例如登革熱就是一種由蚊子傳播的病毒感染，近年來發現有增加趨勢（圖 11.4）。

六、　絕種危機

氣候變遷威脅了許多物種的生存，有些物種甚至將因此瀕臨絕種。氣候變化，以及棲息地的破壞和污染，是可以促進物種滅絕的重要壓力源之一。IPCC 預估全球暖化若以等速率推算，當到二十一世紀末全球平均溫度上升超過 $2\sim3°C$ 時，植物和動物物種至少有 $20\sim30\%$ 面臨絕種危險。 有些物種的滅絕速率可能更遠在平均速率之上，特別是對氣候特別敏感的生物。

小博士解說

氣候變遷與門檻效應：

門檻效應或稱閾值效應（Threshold Effects），指生態系統中突然改變的一些性質或現象，可能成為一個不可逆的「引爆點」，這一個或多個外部條件的微小變化，產生在生態系統中巨大而持久的回應。因為生態系統各個層級內與層級間有複雜的交互作用關係，氣候變遷所引發的門檻效應可能衝擊整個生態系統，造成重大傷害。

氣候變遷產生生態系統門檻效應的例子不勝枚舉，一個明顯的例子來自於最近觀測到的北極苔原生態，由於氣溫升高，縮短積雪持續時間，導致表面的反射率降低。減少了陽光反射，使更多太陽能被吸收並局部升溫，加速積雪的損失。這放大的正回饋效應很快導致灌木在溫暖的條件下侵入苔原生態。新生的灌木進一步降低反射率並導致當地變得更暖。如此一個突發事件造成像骨牌般的連鎖效應，由起始局部增溫所觸發，結果造成北極苔原與灌木生態的轉換。這個例子也說明了正回饋的重要性，正回饋使系統性質改變更強化，負回饋使其改變減小。

門檻效應

圖 11.3　澳洲大堡礁的珊瑚遭嚴重白化情形

病原體、寄生蟲和疾病

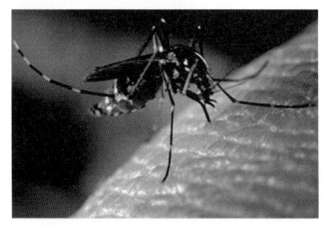

圖 11.4　登革熱由蚊子傳播病毒感染，近年來有增加趨勢

知識補充站

2015年登革熱疫情：
2015 年登革熱疫情如火如荼，最初在 5 月中疫情出現於台南市六甲，而後擴散到全台南市，再蔓延至全台灣，至 12 月初已確診病例達 4 萬例，其中台南市 22,667 例、高雄市 16,449 例、屏東縣 297 例，死亡病例最終達 214 人。

Unit 11-3
氣候變遷對生態系統影響實例

氣候變遷對生態系統的影響是多方面的，以下我們從陸域生態系統的動物、昆蟲、植物等，以及水域生態系統中觀察一些實例。

一、陸域生態系統

在陸域生態系統方面，植物多出現提早展葉、開花、結果，以及延長生長季與延後落葉等現象，北方綠線則持續北進，伴隨著如蝴蝶、蜻蜓、壁蝨、蟬等族群向北或向高山推進。鯨魚與一些大型野生哺乳動物，向高緯度擴大領域。在人類健康方面，夏季熱浪死亡率上升、高緯度地區以壁蝨為媒介的傳染病增加、花粉增多與過敏者增多等，似均與氣候變暖有關。

1. 動物及昆蟲

因為全球氣候變化對各地區影響各不相同，它們分別以不同的方式在不同地區影響不同品種。有些物種產生繁榮，另一些物種在同一地點則被摧毀，而其他一些物種似乎並沒有受到很大的影響。以下是一些實例：

(1) 北極熊

兩極冰山迅速融化，以近極地的生態系統受到的影響最為嚴重，例如北極熊被迫進行長泳覓食而溺斃（圖 11.5），致使數量銳減瀕臨絕種；西伯利亞的凍土（苔原）漸漸解凍，使苔原生態系統逐漸減少。

・格陵蘭小鎮：**納諾塔利**（Nanortalik）是格陵蘭島最南端的小鎮，座落在一些格陵蘭島最美麗的峽灣中，以陡峭的山坡和風景聞名（圖 11.6）。這個鎮名的意思是「北極熊地方」，指的是北極熊，夏天偶爾穿過小鎮，與北冰洋浮冰在一起。2006年，北極熊被**自然保護聯盟**（The World Conservation Union, IUCN）歸類為**易受害**（Vulnerable, VU）動物，說明北極熊對環境的變化適應很差，正在快速的消失，因覓食不易，甚至夜間會至小鎮上覓食騷擾居民。

(2) 帝王企鵝

因為地球變熱，海水溫度升高，南極浮冰減少，致使南極磷蝦成長減量。南極磷蝦是帝王企鵝的主要食物，自 1950 年以來，帝王企鵝的數量因為人為造成的全球暖化已經減少了一半，如果持續此銳減趨勢，南極的帝王企鵝可能面臨絕種危機（圖 11.7）。

圖 11.5　暖化使得北極熊瀕臨絕種

圖 11.6　格陵蘭島納諾塔利小鎮傳出北極熊騷擾事件，北極熊因覓食不易，夜間至小鎮覓食，甚至攻擊人類

圖 11.7　帝王企鵝可能有絕種之虞

(3) 海龜

海龜也是氣候變遷的受害者，氣候變遷使海龜面臨絕種危機。海龜孵化的性別因海水溫度高低而有不同，較暖氣候可能導致公海龜絕跡。按其習性海龜長大以後，會回到自己出生的海灘產卵，用沙把卵埋藏，但卵孵化的溫度須在 25 至 32℃ 間。其公母由溫度決定，溫度低會孵出公海龜，溫度較高會孵出母海龜。因近年來地球越變越熱，海灘之溫度已經超出卵孵化限度，故孵出的海龜都爲母海龜。此外，加勒比海的海龜築巢地，部分遭上升的海平面破壞，加深海龜絕種危機（圖 11.8）。

(4) 蝗蟲

氣候變遷也可能使蝗蟲的繁殖失去平衡，近年來在中國、中東和非洲地區都爆發嚴重的蝗災，蝗蟲毀壞大量糧食作物，蝗災使氣候變遷的未來更形嚴峻（圖 11.9）。

(5) 蛙類

學者發現，兩棲類生物（尤其是屬於環境指標物種的蛙類），是一種冷血動物，暖化使它們的生態環境改變，近年來種類有減少趨勢（圖 11.10）。

(6) 知更鳥

在美國洛磯山脈的知更鳥，當收到氣候信號得知春天繁殖季節已經來臨時，即會遷移到高海拔位置，該地一直是知更鳥在冬天的繁殖地。在洛磯山脈的低海拔地區，氣候會早些變暖，但較高海拔處厚厚的積雪卻尚未融化，而不能提供孵化之蠕蟲和其他無脊椎動物等主要食物來源，因此造成知更鳥大量死亡（圖 11.11）。

(7) 蜜蜂

愛因斯坦預言，「如果蜜蜂從地球上消失的話，人類只能再活四年。」沒有授粉，就沒有植物、就沒有動物、就沒有人類。蜜蜂授粉效率高，據估計，一箱 30,000 隻蜜蜂的授粉工作，若換成人工投粉則須超過 400 個農民才能完成，若沒有蜜蜂，多種植物授粉就會有困難。近年來，各地傳出蜜蜂大量消失，許多工蜂離開蜂巢就沒有回來。科學家致力於探討蜜蜂死亡的原因，大致說來，可歸納爲下列幾個因素：農藥殺蟲劑、病毒、基因改造作物的花粉、營養不良、電磁波干擾、氣候變化，但科學家也承認尚未找到元凶。歐盟最新研究顯示，歐洲蜜蜂大量消失，恐怕和寒冷氣候有關。因此蜜蜂的消失，可能也和氣候變遷不無關聯（圖 11.12）。

小博士解說

蜜蜂代工（蒼蠅）：

蜜蜂是果樹授粉的「正規軍」，近年來野生蜂族群大量消失、養蜂人也逐漸減少，農民紛紛改以「雜牌軍」蒼蠅代勞授粉，只要在果園丟置少許死魚、內臟，不用半小時蒼蠅大軍立刻聞味而來，效果還不錯。

圖解氣候與環境變遷

陸域生物系統：動物與昆蟲（二）

◀ 圖 11.8　氣候變遷導致海龜面臨絕種

圖 11.9　近年來在中國、中東和非洲地區都爆發嚴重的蝗災

圖 11.10　兩棲類生物如蛙類近年來種類有減少趨勢

圖 11.11　知更鳥因不適應氣候變遷而大量死亡

圖 11.12　近年來蜜蜂神秘的消失，原因未詳

2. 植物

研究人員發現，早期開花植物物種如今都在早春開花，有效地延長它們的花期。1950 年來自挪威的分析數據發現，137 個地點的 13 種植物中有百分之 71% 受到氣候變化的直接影響，其中早期開花草本植物比晚開花木本植物對冬季變暖表現出更大的反應。

(1) 山櫻花

台灣高山上，每年在 1、2 月才開花的山櫻花近幾年也出現提早開花的異常現象，有的甚至 8 月就已開花（圖 11.13）。

(2) 森林的保育

全球暖化也威脅到森林的保育，樹木生存期長，一旦被破壞，須長時間恢復，所以森林是所有生態系統中受到暖化影響最嚴重的，而且森林占全球陸地面積的四分之一，因此森林生態受到暖化的影響需要密切注意。例如近年來森林野火發生的頻率和規模都在逐年增加，森林大火使許多生物被迫遷離（圖 11.14）。

(3) 松樹林

美國與加拿大發現，有極大面積的松樹林被一種不停繁殖的甲蟲破壞，幾年內可能完全枯死（圖 11.15）。根據聯合國糧農組織 2007 年報告，全球森林目前正以每年約 730 萬公頃的速率消失，森林會吸收大氣中的二氧化碳，有助於抑制造成全球暖化的溫室效應氣體，全球森林面積逐年減少，將使暖化之勢更為加劇。

(4) 阿拉斯加杉木

暖化效應使永久凍土漸漸融化，北半球的永久凍土帶，許多凍土被融化，阿拉斯加杉木樹林東倒西歪，稱為醉樹 （圖 11.16）。

(5) 苔原生態

暖化效應使永久凍土漸漸融化，北半球的永久凍土帶，許多凍土在被融化中，苔原生態深受影響（圖 11.17）。

小博士解說

苔原生態與氣候變遷：

氣候變遷影響苔原生態，一些研究報告指出，苔原帶的生態系統正因全球變暖而改變，一些地方已經出現森林，這種改變可能會進一步加劇全球變暖。比較近數十年間衛星圖像，可見部分原為北極苔原帶地區已逐漸長出高大樹木，且局部形成了森林。這些地區過去因氣候寒冷，僅生長苔蘚等植物，現已逐漸改變。原多被冰雪覆蓋的地區轉變為森林，將吸收更多太陽熱量使全球暖化更加劇烈。

圖 11.13　台灣高山的山櫻花近年來提早開花

圖 11.14　森林大火迫使生物遷離

圖 11.15　因受到不停繁殖的甲蟲破壞（左圖），洛磯山的松樹林大量枯死（右圖）

圖 11.16　阿拉斯加醉樹

圖 11.17　苔原生態受影響

二、水域生態系統

水域生態系統包括淡水生態系和海水生態系。

在海洋和淡水生物系統方面，遠洋生物的地理分布因為海溫上升而明顯改變，如巨藻中的暖水族群增多；淡水生態則因表層的營養物質減少，造成生物生產力減少的現象，且因氣溫上升，春季約提前四週來到，而出現了大量藻類，影響海洋生態。

當地球平均溫度上升超過 2～3℃，伴隨著大氣中 CO_2 濃度增高時，海洋和其他水域生態系的結構與功能將有顯著的改變。氣候變化與海洋酸化將衝擊浮游和底棲生物，其中對南半球海域和冷水珊瑚衝擊最大。海冰的快速消失更影響許多依靠海冰為棲地的生物。熱帶與亞熱帶內陸水域的水質、生物多樣性、生態系統也會受到影響（IPCC, 2007）。

1. 珊瑚白化

珊瑚生長的環境非常特殊，它的生長受到許多條件的限制，例如：充足的日照、清澈的水質、正常的海水鹽度，以及溫暖的水溫（在 23～28℃ 之間），因為這些條件的限制，世界上的珊瑚礁多分布在南北緯 25 度之內的熱帶海域，尤其是赤道附近。珊瑚白化係指珊瑚失去與其共生藻類的狀況。白化通常是海水表層溫度升高所造成的，但是其他因素如沉積物增加、鹽度的變化或細菌感染也有可能是元凶。如果環境條件持續不改善，珊瑚便會死亡。澳洲大堡礁正面臨空前浩劫，據科學家估計，多達 93% 珊瑚有白化現象（圖 11.18）。

2. 南極磷蝦

南極磷蝦的總生物質能在這幾十年不斷下降，有些科學家指出，下降的幅度達80%。這可能是由於溫室效應引起的浮冰區減少所致，南極磷蝦是一種喜冷水環境的浮游生物（圖 11.19）隨之，對海洋溫度和海冰密集度極為敏感，尤其是在幼體階段，需要浮冰結構來提高生存率。浮冰不僅提供了天然的洞穴，使南極磷蝦得以避開捕獵者，而生長在海冰底層的藻類也是磷蝦幼苗的主食。在浮冰減少的年份，南極磷蝦生產便隨之下降。

磷蝦是小型的甲殼類浮游動物，是鯨魚、海豹、企鵝、魷魚和海鳥等許多動物的主要食物來源。以企鵝為例，磷蝦數量的減少，有可能是帽帶企鵝和阿德利企鵝減少的原因；這兩種企鵝的族群，每年各減少 2.9% 和 4.3%。

圖 11.20 顯示，近年來南極磷蝦每年捕獲量逐年減少，自 1981 年起，磷蝦的數量更是減少了 80%。

3. 海豹

極圈的**鞍紋海豹**（Harp Seal）以海水區域為家，初生的鞍紋海豹寶寶（圖11.21），最少要在浮冰表面上適應 4 至 6 週之後，才能長時間在海中生存。全球變暖，導致浮冰面積變得細而不穩定，使小海豹被迫在細小浮冰上掙扎，也很容易被沖走以致奪命，海豹成了氣候變遷的受害者。

◀ 圖 11.18　澳洲大堡礁的
　　　　　　珊瑚遭嚴重白
　　　　　　化情形（2006
　　　　　　年）

▶ 圖 11.19　南極磷蝦

南極磷蝦需要浮
冰結構保障安全，因
浮冰減少，南極磷蝦
生產銳減。

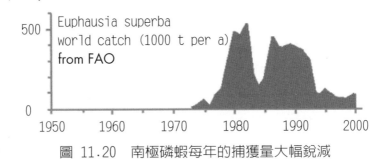

Euphausia superba
world catch (1000 t per a)
from FAO

500

0

1950　　　1960　　　1970　　　1980　　　1990　　　2000

圖 11.20　南極磷蝦每年的捕獲量大幅銳減

海豹寶寶須浮
冰保護。南極浮冰
的減少，使其失去保
障。

圖 11.21　鞍紋海豹成了氣候變遷的受害者

第 **12** 章

氣候變遷其他影響

Unit **12-1**
影響人類身體健康

前幾章我們分析過氣候變遷對冰川、海冰及凍土、海洋、極端氣候、生態系統改變等影響，其實氣候變遷對自然環境及人類生存的衝擊是多方面的，本章我們來探討氣候變遷的一些影響，包括對人類身體健康、水資源、糧食生產等之影響。

氣候變遷如何影響人類健康？

1. 氣候變遷對身體健康直接的影響

這是因極端氣候的增加，所引發的熱浪、水災、乾旱、野火、風暴等極端氣候事件，都造成死亡率和致病率的增加。例如 1995 年的芝加哥熱浪導致超過 700 人死亡；2003 年 8 月法國熱浪，造成 10,000 人死亡；2010 年巴基斯坦洪水，受害 1,200 萬人；2011 年東非嚴重飢荒，受害近 1,200 萬人。圖 12.1 顯示了全球從 1970～2004 年死亡人數最高的 11 種天災分布比例，首先是熱浪／乾旱，造成死亡總數的 19.6%，其次是夏季極端氣候（18.8%）和冬季極端氣候（18.1%）。地球物理事件（如地震）、野火、颶風的死亡總和小於 5%。值得一提的是這些極具破壞性，媒體大肆宣傳的偶發災難事件，如颶風和地震等，卻占死亡人數較少比例，比起死於熱浪人數要少得多。

在水、旱災方面，洪水與乾旱頻率與規模的增加，也加劇災害的破壞程度。許多居民住在海岸地區或**淹水區**（Flood Zone），容易受到傷害；許多開發中國家沒有公共衛生資源以處理危機，氣候變遷除了可能帶來更大的經濟損失與死亡人數，還可能加劇腹瀉、飲水污染與黴菌所引起的呼吸感染。

2. 氣候變遷對身體健康間接的影響

這是因氣候改變了生態系統，使生態條件有利病原體、寄生蟲和疾病的傳播，對人類健康，造成潛在的嚴重影響。許多重要的傳染性疾病，都是藉由病媒傳播。氣候變遷改變病媒物種的分布，可能影響傳染性疾病傳播的氣候因子，包括：溫度、濕度、降雨量改變和海平面上升。在台灣，颱風與梅雨對病媒族群大小和登革熱有重要的影響，颱風與梅雨季節帶來的大量降雨、高濕度和積水容易成為孳生蚊蟲的最佳場所，登革熱症狀如圖 12.2 所示。登革熱雖不難控制，但稍不注意仍可能造成嚴重疫情，2015 年台灣登革熱疫情延燒，截至該年底已有 4 萬個多確診病例。

氣候變遷也改變社會系統，糧食生產量下降及極端氣候增加，造成營養不良、心理疾病、人口遷移、甚至引發武力衝突，這些都造成社會動盪不安，對人類集體的安全構成威脅。

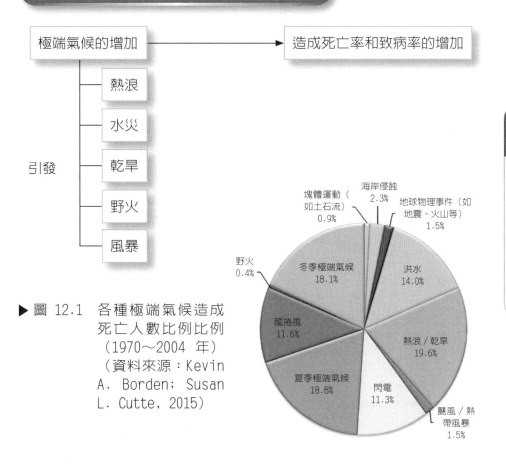

▶ 圖 12.1　各種極端氣候造成死亡人數比例比例（1970～2004 年）（資料來源：Kevin A. Borden；Susan L. Cutte，2015）

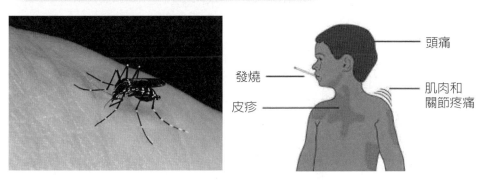

圖 12.2　登革熱的傳播（左圖）及其症狀（右圖）

影響水資源

　　氣候變遷使降水模式發生變化，影響水資源的來源。人類生存一日不可缺水，水資源的供給是非常重要的。由於全球溫度不斷攀升，許多地區已出現乾旱問題。據統計，目前全球約有 12 億人處於缺水狀態，聯合國氣象組織指出（2013）：乾旱造成全球糧食安全、貧困、資源匱乏、生態環境惡化、社會動盪等方面的嚴峻挑戰。在全球氣候變遷下，乾旱頻率、強度和時間有可能增加，而大部分國家卻缺乏有效的乾旱管理和積極的乾旱災害防禦政策。

　　因為水資源對人類生存如此珍貴，我們更要正視缺水問題的嚴重性。圖 12.3 為 Bates 等人（2008）所作的各種模型，平均預期 2080 至 2099 年間相較於 1980年至 1999 年間水文循環的各種變化比例，以下略述水文循環的各種變化對水資源影響（IPCC）。

一、降水

　　全球降水模式已發生變化，如北方地區正在經歷降雨量超過降雪。南、北半球的總積雪量平均來說都在降低之中。降水的形式也發生了改變，許多亞熱帶地區正在經歷嚴重的乾旱。氣候模型預估，未來在亞熱帶及許多中緯度區域的降雨可能逐漸減少。中高緯度地區因為暖化，導致陸地上的冰雪存蓄量逐漸減少，對於仰賴雪水供應的區域將造成影響（圖 12.3(a)）。因氣候變遷而改變了降水方式，造成水資源的供應困難，未來對生態系統和人類將產生深遠影響。

二、土壤濕度

　　在土壤中保持的水分的量取決於該地區降水和蒸發的時間與其數量。土壤濕度的變化與大氣降水的變化相似。在亞熱帶和地中海地區，土壤濕度的減少將伴隨大氣降水的減少。在高緯度地區預期冰雪覆蓋的減少，也將導致土壤水分的降低。在東非及中亞預計降水增加，使土壤水分增加（圖 12.3(b)）。

三、表面逕流

　　氣候變遷對河流流量的影響並導致湖泊水位的變化應取決於變遷量、類型和降水的時間，蒸發率的變化也影響河流和湖泊水位。全球範圍內的氣候和水文模型預測，在潮濕的熱帶和高緯度地區表面逕流增加，而在中緯度和部分熱帶乾燥地區表面逕流下降（圖 12.3(c)）。

　　大多數研究顯示，由於降水類型的變化，氣溫升高導致河水流量季節性的變化。在歐洲阿爾卑斯山、斯堪的納維亞半島、喜馬拉雅山、北美地區西部、中部及東部地區冬季均發生較高流量，導致更多的降雨和更早融化的雪水。在未來不斷增溫的世界，預計大多數地區將發生更頻繁、更強的降水事件，增加山洪和城市洪水的威脅。

預期 2080～2049 年間水文循環的各種變化（一）

(a)降水

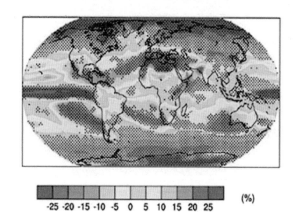

(b)土壤濕度

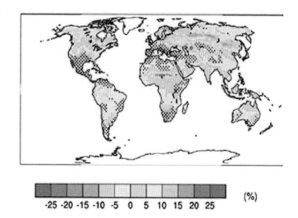

(c)表面逕流

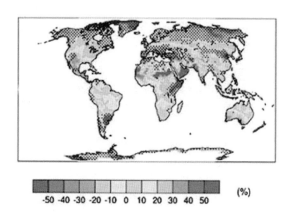

圖 12.3　預期 2080 至 2099 年間相較於 1980 年至 1999 年間水文循環的各種變化：(a)降水、(b)土壤濕度、(c)表面逕流（資料來源：Bates et al., 2008）

四、蒸發

　　潛在蒸發量是大氣中的水根據熱能而產生，因此預測幾乎所有地區的潛在蒸發量都會增加。當溫度上升，大氣中飽和時的水蒸氣含量增加，但相對濕度預計不會顯著改變，結果使水的蒸發增加，空氣中有較多量的水蒸氣。水從土壤增加蒸發會對植物產生極大壓力，因植物的生長需水。大部分水域實際蒸發量預期都會增加，其多寡取決於暖化速率這個不確定的因素（圖 12.3(d)）。

　　植物吸收二氧化碳並通過氣孔釋放水蒸氣，大氣中二氧化碳的增加將影響植被的蒸散。在較高的二氧化碳濃度下，植物只需較少氣孔進行光合作用。但增加的二氧化碳又可作為氣體肥料促進植物的生長和增加葉面積。增加葉面積將導致更多蒸散，但其作用仍取決於植物型態、養分供應、溫度變化和水供給的型式。

五、地下水

　　地下水的水位藉著地下水層的補充得以維持，因此與土壤狀況、植被和降水強度和時間有關。一般來說，如果降雨強度大於土壤的滲透能力，大部分的水將以表面逕流方式流動，而不會滲透入地下水層。預期未來一些較潮濕地區更大、更頻繁的降水事件，可能導致表面逕流超過土壤滲透，而使地下水層補充較慢。在乾旱和半乾旱地區的暴雨增加，水在蒸發前得以向下滲透至地下水層，使地下水的水位上升。

六、水的供給

　　人口增長、經濟發展和土地利用在很大程度上取決於水的供給，氣候變遷將是影響水資源的一個重要因素。圖 12.4 為 IPCC 預測全球 2080 至 2099 年與 1980 至 1999 年平均年逕流量比較，主要是按照預測的降水變化（IPCC, 2014），其中高緯度、東南亞地區增加，中亞、地中海地區、非洲南部和澳大利亞降水均大幅降低。

小博士解說

氣候變遷影響台灣水資源供給：

台灣本就多雨，年平均降雨量 2,150 毫米，約為世界平均降雨量的 2.6 倍，照理說水資源供給應該非常豐富，但近年來卻頻傳乾旱災情。每年降雨量雖然有漸增趨勢，但降雨的強度增加，降雨的天數卻變少，因此豐枯年的雨量多寡差距越來越大，每年的雨量變化在數量和頻率上更是顯得越來越極端化。台灣多山，河川均短而陡斜，降雨迅速排入海中，擷取利用不易。台灣水資源儲存主要依賴水庫，但西部山區水庫附近多為沉積岩地質，南部尤多泥質地形，每次降雨常沖刷大量泥沙注入水庫，影響水庫儲水容積，減少水庫壽命。此外，豪雨常帶來災情，水庫必須緊急洩洪，反而失去儲水效果。

(d)蒸發

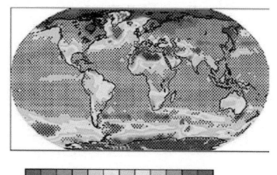

圖 12.3　（續圖）(d)蒸發（資料來源：Bates et al., 2008）

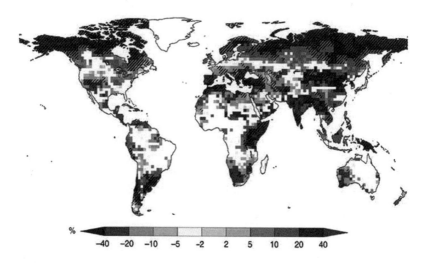

圖 12.4　預測 2080 至 2099 年間相較 1980 至 1999 年間平均年逕流量變化（IPCC, 2014）

如圖 12.4 所示，水的供給將發生極大變化，各地水資源將受到影響，氣候變遷是影響水資源的一個重要因素。預期高緯度地區和東南亞地區年逕流量增加；中亞、地中海地區、非洲南部和澳大利亞年逕流量均大幅降低。

　　冰川融水是許多位在山區的未開發國家重要飲水來源，冰川的減少帶來這些國家缺水危機，秘魯在過去三十五年裡失去 20% 以上冰川（圖 12.5），造成該國的沿海地區逕流減少 12%，其中 60% 的秘魯人口居住於此區域。

　　美國科羅拉多河水系供給包括加州等數百萬英畝的農田和幾千萬人口的用水，其上有幾個大型水壩是作爲蓄水調節水的供給。氣候變遷，使科羅拉多河流域降雨減少，近年來科羅拉多河飽受乾旱之苦，水庫也因爲鬧水荒，蓄水量不到滿水量的一半，爲十四年來最乾旱期，圖 12.6 顯示 2014 年**胡佛水壩**（Hoover Dam）後方的**米德湖**（Lakes Mead）儲水大爲下降，由於科羅拉多河的枯竭，對加州居民生活產生重大影響，加洲各地都傳來用水吃緊的消息。

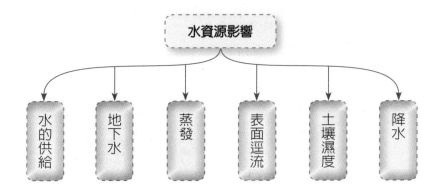

氣候變遷對水資源影響包括以下項目：
(a) 降水模式發生變化：各地降雨量都在改變。
(b) 土壤濕度發生變化：因受到各地降水和蒸發時間及數量改變影響。
(c) 表面逕流改變：預期大多數地區將發生更頻繁、更強的降水事件。
(d) 水的蒸發改變：大部分水域蒸發量預期都會增加。
(e) 地下水水位改變：預期各地地下水水位將變動。
(f) 水供給的變化：各地水的供給將受到嚴重影響。

影響水資源

圖 12.5　比較秘魯 QoriKalis 冰川在 1978 年（左圖）與 2000 年（右圖）之流域，冰川已後退 20%

- 冰川融水是許多位於山區的未開發國家重要飲水來源，冰川的減少，帶來了這些山區國家缺水危機，例如秘魯地區冰川後退造成缺水危機。
- 科羅拉多河傳聞枯竭：科羅拉多河兩個最大的水庫—米德湖（Lakes Mead）和鮑威爾湖（Lakes Powell）儲水容量都下降 50%，為十四年來最乾旱期，科羅拉多河是加州供水主要來源，兩個水庫的枯竭因此造成加州近年來水情吃緊。

◀ 圖 12.6　胡佛水壩（Hoover Dam）後方的米德湖水庫，其岩壁上之吃水線顯示儲水量下降情景

Unit **12-3**
影響糧食生產

　　全球氣候變遷影響農業生產，氣候變遷對糧食生產在不同地區造成不同影響。IPCC 第五次評估報告中指出，在沒有進行調適的情況下，當區域升溫比工業化前再升高 2℃ 或以上時，熱帶及溫帶地區的主要作物（小麥、稻米與玉蜀黍）的生產即會出現負面影響，雖然有些個別地區將因此受惠。相反的，在中、高緯度地區，輕度的暖化（1～3℃），加上二氧化碳濃度的增加，都有可能提高作物的產量。總括來說，暖化程度若高於 1～3℃，全球的農業生產量將因氣候變遷而下降。除此之外，氣候變遷造成極端氣候的頻率及強度增加，對糧食生產有顯著的負面影響。受到氣候變遷與乾旱炎熱影響，許多地區農作物的產量逐漸減少。

　　依據作物種類與地區，不同調適情境中所受之影響差異很大，相較於二十世紀晚期，有一成預測顯示 2030～2049 年期間，作物生產量將增加 10%，但也有一成的預測顯示，生產量將減少 25%。2050 年之後，嚴重影響作物產量的事件增加，風險視暖化規模而定。氣候變遷也將導致許多地區作物生產量各年間差異很大，而這些衝擊會反映在急劇增加的作物需求量上。世界人口呈幾何級數增長，而糧食與資源卻否，人口之增加將帶來糧食需求的極大包袱，聯合國估計 2050 年世界人口將達 90 至 100 億。氣候趨勢對於四大作物稻米、小麥、黃豆、玉米等產量都呈負面影響，圖 12.7 顯示溫度變化對主要三種作物的影響，其中以小麥影響最大，小麥生長需要經過寒冬，近年來年年暖冬不利於小麥的生長。

　　除了糧食的供給，糧食安全的各層面都會受到氣候變遷影響，例如食物的取得、利用和價格的穩定等等。海洋漁獲量往高緯度海域重新分布，造成熱帶國家的漁業相關之供給、收入及就業機會減少，連帶影響糧食安全。與二十世紀末相比，當全球氣溫上升 4℃ 以上，伴隨不斷增加的食物需求，將對全球與區域性食品安全帶來極大風險，且低緯度地區的食物安全風險普遍都將更高。

小博士解說

氣候變遷影響台灣糧食供給：

氣候變遷造成的極端氣候，頻頻危害農作物的收成。台灣常見氣象型災害如：乾旱、洪水、颱風、寒流的發生，都造成農作物的損失。在乾旱期間，由於灌溉水來源不足，農民必須強制配合政府的休耕計畫；豪雨不斷，造成洪水泛濫，使農作物浸水腐爛；颱風帶來強風暴雨，水稻浸水、果實吹落造成農產品損失；寒流來襲，帶給農業與養殖業重大打擊。以 2016 年為例，颱風頻頻來襲，農產損失動輒上億，農民叫苦連天；7 月份的尼伯特颱風、9 月份的莫蘭蒂颱風及梅姬颱風都造成重大經濟損失。

影響糧食生產

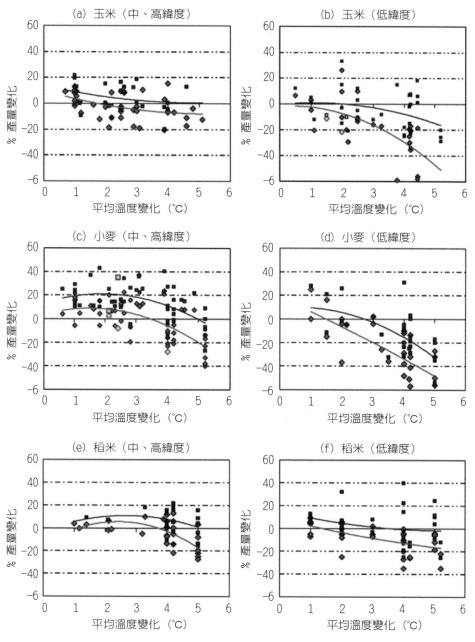

圖 12.7 預測氣候變遷對於三大作物的影響（IPCC）

Unit 12-4
其他經濟部門

其他受氣候變遷影響的市場系統尚有許多方面，例如家畜、森林、漁業等產業，這些是因氣候直接影響畜牧放牧地、土壤、樹木、水質、生態及魚類等的生存環境，或者是包括能源、建造、保險、遊憩觀光等受氣候變遷影響的敏感部門。對絕大部分經濟部門而言，帶來衝擊的驅動力，如人口變化、年齡結構、收入、科技、相對價格、生活型態、制度規章與治理等之影響，可能都比氣候變遷本身的衝擊還大。氣候變遷將導致家用和商業暖氣的能源需求減少、冷氣與空調的需求增加。此外全球天災的頻繁及加重，巨災保險法規須適時修訂並執行，才能成功地保障人民財產安全，減輕天災帶來損失。

氣候變遷甚至可能影響國際安全，例如大量人口遷移，這是因為更多的極端氣候事件，使原居住地區不再適合居住。此外氣候變遷影響資源分配，可能造成爭奪資源而引發國際衝突，各種公權力、制度、公約等都可能受到挑戰。總之，氣候變遷對人類影響將是多方面的，其影響的嚴重性將視未來氣候變遷的程度而定。

小博士解說

氣候變遷影響台灣能源供給：

未來極端氣候／天氣事件對台灣能源供給衝擊非常明顯，隨著未來熱浪的增加，夏季供電系統將面臨極大負荷。氣候的變化，可能影響產業之能源成本、供給、企業投資損失、裝置成本增加等變化。能源的供給，甚至可能無法滿足市場尖峰負載時的需求。

2016 年 6 月台灣即發生一次因氣溫飆升造成的供電危機，6 月 1 日台北氣溫高達 38.7℃，創下一百二十年來 6 月最高溫記錄，也使得用電量上飆。台電預估，全台用電備轉容量率將破紀錄剩 1.5%。行政院長林全表態，考量到電力需求，核一廠 1 號機若安全，在不延役情況下，朝重新啓用考慮。雖然此核一廠 1 號機啓用想法，在爾後立法院會中引起許多爭議而作罷，但考慮核一、二廠逐漸屆齡除役，火力發電廠供電不足，未來這種因氣候變遷造成的供電危機，隨時可能再度發生。

第 13 章

未來氣候預測

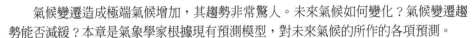

Unit 13-1
未來氣候預測

一、前言

　　氣候變遷造成極端氣候增加，其趨勢非常驚人。未來氣候如何變化？氣候變遷趨勢能否減緩？本章是氣象學家根據現有預測模型，對未來氣候的所作的各項預測。

　　美國環保局（US Environmental Protection Agency）對氣候預測的看法是，未來氣候必將逐漸改變，但其變化幅度和速率及預測的準確性則取決於下列幾個因素：

1. 溫室氣體濃度在大氣中增快速率
2. 氣候特徵（如溫度、降水和海平面上升等）對溫室氣體濃度增加的反應
3. 自然活動對氣候的影響（如火山活動、太陽強度變化等）
4. 氣候系統內的自然過程（如改變海洋環流模式）
5. 氣候預測模擬系統的改進

二、未來大氣溫度變化

262

　　根據過去數十年觀測數據證實，由於全球變暖，未來氣溫將會繼續升高，以下為預測未來氣溫變化的趨勢：

　　1. 全球平均氣溫在 2100 年預計將再增加 2 至 11.5°F，快慢取決於未來溫室氣體排放速率，及氣候模型預測的準確性。

　　2. 到 2100 年，全球平均增溫預期將為過去一世紀的 2 倍以上。

　　3. 陸地暖化速率較海洋快，因為海洋的熱容量較大。

　　4. 某些地區增溫將高於全球平均值，南北極地區之增溫將為平均值之 3 倍，情況最為嚴重。

　　圖 13.1 是根據氣候模型在溫室氣體 3 種排放情境下預測 3 段不同時間全球氣溫變化，圖 13.2 是在不同排放情境下預測至本世紀末全球平均氣溫變化。

小博士解說

未來氣候情境推估：

溫室氣體是造成全球溫度上升的主因，而未來氣候變化幅度，又決定於未來經濟發展和能源使用所產生的溫室氣體排放情境。低排放情境是指人口和經濟緩慢成長，中排放情境是指人口和經濟中度成長，高排放情境是指人口和經濟快速成長。雖然未來溫室氣體排放情境是未知數，但根據近幾年全球平均氣溫連續破史上最熱紀錄，溫室氣體排放情境放似乎朝中、高排放發展。

未來大氣溫度變化

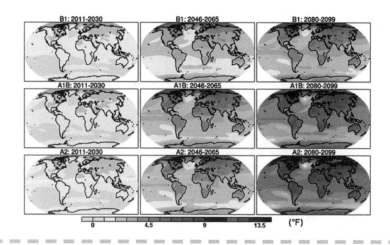

未來氣溫預測將繼續升高，其程度取決於溫室氣體排放情境：
B1 ：是一種低排放情境
A1B：是中高排放情境
A2 ：是高排放情境

圖 13.1　全球平均氣溫在溫室氣體三種排放情境下，三個不同的時間段的預期變化。氣溫變化是相對於 1961～1990 年的平均值（資料來源：NRC，2010）

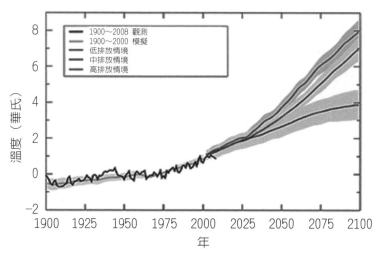

預測至本世紀末全球平均氣溫變化，陰影部分表示可能範圍，模型顯示 2100 年全球平均氣溫較 1960～1979 年平均值增加 2 至 11.5°F

圖 13.2　在三種不同排放情境下，全球平均氣溫觀測和預測值（資料來源：USGCRP，2009）

三、未來降水和風暴事件

降水和風暴事件，包括降雨和降雪模式也可能發生改變。預測顯示，未來降水和風暴的變化將因季節和地區而異。有些地區可能降水減少，有些地區可能降水增加，有些地區可能沒有改變。大部分地區降水包括降雨數量會增加，風暴行經路徑預期向極地移動，未來降水和風暴事件趨勢如下：

1. 至本世紀末全球平均年降水量增加，但變化量和降水強度因地區而異。
2. 降水事件強度增加，熱帶和高緯度地區將特別明顯，預期降水量也會增加。
3. 熱帶風暴的強度將增加。帶來雨量也會增加。

年平均降水量在部分地區增加，部分地區降低。圖 13.3 預測本世紀末在各地夏季和冬季的降水量。

四、未來海冰、積雪、凍土

北極海海冰已經減少，從 1970 年起北半球積雪面積減少，凍土溫度也升高，這些都是氣候變遷帶來地表冰雪的變化。預期本世紀海冰將繼續下降，高山冰川將繼續萎縮，積雪面積繼續下降，永久凍土帶繼續解凍，其變化趨勢如下：

1. 地表每增溫 2°F，預測海冰將減少 15%，9 月北極海海冰減少 25%。
2. 預測更多格陵蘭島冰層和南極冰層沿岸部分將融化，或滑入大洋。如果在二十一世紀這二個冰層融化速率增加，對全球海平面上升可能有顯著影響。
3. 全球高山冰川將減少，冰川融化速率將增加，影響海平面上升。

圖 13.4 爲預測本世紀末海冰面積與現今之比較。

小博士解說

未來台灣氣候變遷：

IPCC 第五次評估報告指出，未來溫室排放氣體朝高排放發展，在最惡劣情況下，本世紀全球地表溫度將上升 4.8℃；海洋溫度將上升 0.6℃；海平面上升 82 公分。台灣地區的暖化速率，根據美國國家海洋暨太空總署（NOAA）資料顯示，過去一百年平均增溫速率 1.4℃，是全球平均值的兩倍，近三十年平均增溫速率更是全球平均值的 3 倍，因此台灣地區受到暖化衝擊的氣候變遷必然非常顯著。氣象專家彭啓明表示，屆時包括台北盆地以及中南部的沿海地區的台灣約有 1 成土地將被海水淹沒。此外極端天候事件如乾旱、洪水、熱浪與熱帶風暴加劇，乾季與雨季、乾燥地區與潮濕地區間對比也增加。

未來降水和風暴事件

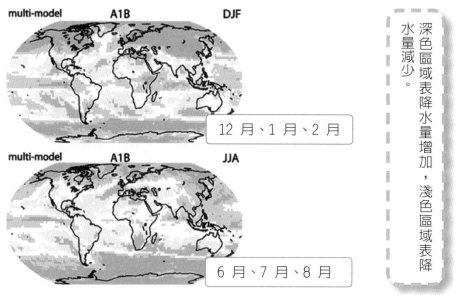

12 月、1 月、2 月

6 月、7 月、8 月

深色區域表降水量增加，淺色區域表降水量減少。

圖 13.3 預測本世紀末全球的降水量（資料來源：Christensen 等人，2007）

未來海冰，積雪，凍土

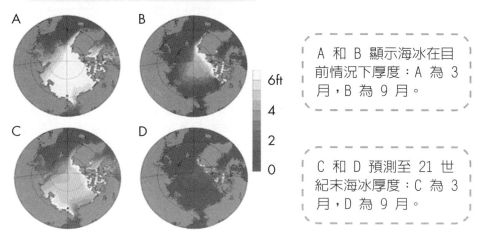

A 和 B 顯示海冰在目前情況下厚度：A 為 3 月，B 為 9 月。

C 和 D 預測至 21 世紀末海冰厚度：C 為 3 月，D 為 9 月。

圖 13.4 預測海冰之消滅（資料來源：NRC, 2011）

五、未來海平面變化

　　自 1870 年以來，全球海平面已上升約 8 英寸。未來海平面上升在各地略有不同，但預期本世紀全球海平面上升速率，將超過去五十年。

　　關於海冰的變化，在第八章中已有細述。熱膨脹、冰層和高山冰川的融化各提供一部分海平面上升因素，但氣候變化對冰層的影響仍有部分未知數，因此未來海平面上升速率仍待研究。圖 13.5 為預測 1990 至 2100 年海平面上升。

六、未來海洋酸化

　　海洋因大氣中的二氧化碳增多而致酸化的原理，在第九章已有細述。海洋酸化對許多海洋物種產生不利影響，包括浮游生物、軟體動物、貝類、珊瑚等之生長。隨著海洋酸化的增加，碳酸鈣的涵蓋範圍將下降，碳酸鈣是許多海洋生物的貝殼和骨骼的重要成分。如果大氣中的二氧化碳濃度加倍，珊瑚生長預期下降 30%。如果大氣中二氧化碳濃度持續增長，照目前的速度，於 2050 年珊瑚在熱帶和亞熱帶可能將成為罕見。圖 13.6 為現今海域中碳酸鈣與工業化前的比較，並預測 2050 年碳酸鈣在海域中分布。

小博士解說

未來海洋酸化：

第九章曾談及海洋酸化，自工業化以來海水 pH 值已減少 0.1（自 8.2 降為 8.1），並且因海洋持續吸收大氣中的二氧化碳，預期 2100 年以前海水的 pH 值將降低 0.3 至 0.5。上升的酸度確實降低了珊瑚和藻類建造珊瑚礁的能力，造成珊瑚的滅絕，如上文所述，也對海洋生物造成其他災難。

一系列的微觀植物稱為浮游植物，是整個海洋生態系統的支柱，這些許多的生物體是由碳酸鈣構成身體部位。2015 年 7 月一篇發表於《Nature Climate Change》的報告，匯集了 49 個關於浮游生物個體物種的實驗，並將結果插入一個全球生態系統模型，結果發現，海洋酸化嚴重改變了物種之間的競爭，並導致多樣性的急劇下降，可能比之前預期的動盪還要更大，作者 Stephanie Dutkiewicz 預期在二十一世紀整個食物鏈將被改變，威脅至魚類和哺乳動物。這不僅會對漁業產生影響，更影響到海洋物種的大規模滅絕。

未來海平面變化

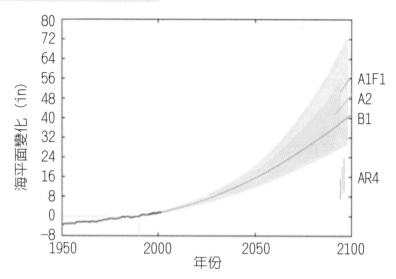

圖 13.5　根據溫室氣體三種不同排放情境，預測 1990 年至 2100 年海平面上升（資料來源：NRC，2010）

未來海洋酸化

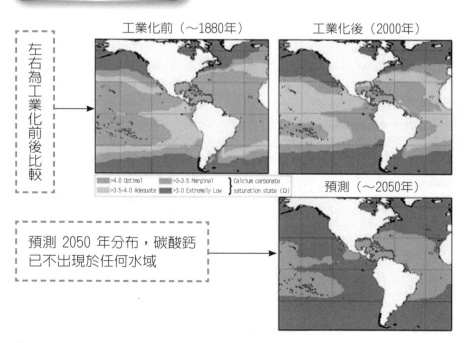

圖 13.6　珊瑚的分布，因工業化大幅削減（資料來源：USGCRP，2009）

Unit 13-2
未來氣候特徵

　　如上所述，未來氣候與現今必顯然迥異，我們可以試著勾勒未來氣候的一些特徵，**美國全球變遷研究計畫**（US Global Change Research Program）列出未來的氣候有以下幾個特徵：

1. 異常熱的天氣（包括熱浪等）將增多
2. 異常冷的天氣將減少
3. 海冰範圍減少，未來數十年內，北極海夏日海冰可能完全消失
4. 降水頻率減少但規模增加，降水量將增加
5. 乾旱更為頻繁
6. 在大西洋與太平洋發生的熱帶氣旋頻率及強度均將增加
7. 冬日在大西洋與太平洋發生的暴風雪頻率與強度均將增加

　　氣候變遷的趨勢不可避免，我們預期未來氣候的一些特徵與其可能造成的傷害，如何減緩與適應此氣候變遷趨勢，以期減輕傷害，可能更是現今刻不容緩的事，下章我們要討論氣候變遷的調適與減緩概念。

小博士解說

熱帶氣旋（颱風）發生的趨勢是否增多、增強？

2016 年 7 月尼伯特颱風重創台東，9 月莫蘭蒂颱風與梅姬颱風來襲，造成南台灣和東台灣慘重災情。颱風相繼的肆虐，使人懷疑其趨勢是否正在增多、增強？第十章中曾引述 Webster（2005）報告，比較全球 1990 至 2004 年間與 1975 至 1989 年間觀測發生之熱帶氣旋（颱風），發現一般規模之熱帶氣旋（颱風）每年發生次數並未明顯增加，但極強烈之熱帶氣旋發生次數卻加倍。

有一些科學家持不同的觀點，認為這些資料仍缺乏直接測量，僅用衛星來估計颱風強度，存在著不確定性並也可能產生誤差；加上分析資料的時間不夠長，只有三十年之久，這些研究所歸納之颱風強度增加趨勢仍不具有足夠的說服力；即使是有增加的趨勢，但這樣的結果也可能只是大自然週期性變動的一部分，而不一定是因為全球增溫所造成。

雖然科學家們對全球變暖導致更頻繁和破壞性颱風的想法仍有爭議，但從潮汐測量儀收集的數據，監測由暴潮引起的海平面的快速變化，顯示熱帶風暴的頻率和強度與海水溫度增加之間有顯著的聯繫，全球變暖正在導致更多的熱帶氣旋產生。

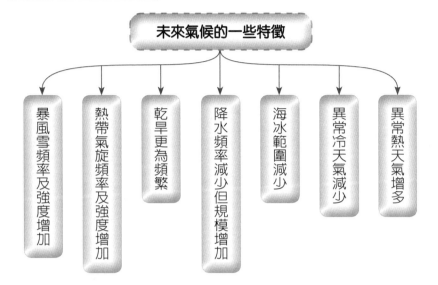

未來氣候特徵

未來氣候的一些特徵

暴風雪頻率及強度增加

熱帶氣旋頻率及強度增加

乾旱更為頻繁

降水頻率減少但規模增加

海冰範圍減少

異常冷天氣減少

異常熱天氣增多

知識補充站

未來氣候變遷關鍵指標：

指標是指一些觀察或計算，用以評估情形和趨勢，例如企業界常將失業率視為評估經濟發展情況的指標。氣候變遷相關的指標可用以了解環境變化程度、評估風險和脆弱性。

美國全球變遷研究計畫（USGCRP）列出以下一些項目，作為評估氣候變遷關鍵指標，該指標說明了氣候隨時間變化的相關趨勢，也顯示未來可能受氣候變化影響的資源狀況，各項目與其說明如下：

(1) 每年溫室氣體指數（Index）。(2) 北極海海冰涵蓋範圍。(3) 大氣中二氧化碳濃度。(4) 地球上森林覆蓋範圍，其變化受到氣候因素，如：乾旱或增加的降雨量等影響。(5) 一年中無霜天數，反映氣候系統的總體變暖趨勢。(6) 全球表面溫度上升情形。(7) 草原、灌木林、牧草和草本濕地面積，它們說明被氣候影響的程度，例如：降雨或野火的變化。(8) 每年熱與冷的天數比較，以每日氣溫65°F上下區分。(9) 海洋中葉綠素的濃度，它們表明了海洋光合浮游生物或浮游植物的總數。(10) 海水表面溫度變化，它們反映氣候總體變暖趨勢，進而影響全球氣候模式。(11) 每年春季的開始，植物的生長（例如樹木的長葉和開花）對氣溫非常敏感，因此春季開始的變化反映了氣候系統的總體變暖趨勢。(12) 陸地碳儲存，陸地生態系統儲存大量的碳，氣候或土地利用的變化可能導致碳儲存的變化。(13) 弧菌感染（Vibrio Infections），一些弧菌的菌株可能導致嚴重疾病，此與海洋溫度升高有關。

第 **14** 章
氣候變遷的調適與減緩

Unit 14-1
前言

氣候變遷的趨勢既然不可避免，並且預期它將造成各種傷害，我們如何適應此變遷趨勢，並將傷害減輕，這是本章所要討論的重點：氣候變遷的**調適**（Adaptation）與**減緩**（Mitigation）概念。

何謂減緩和調適？減緩和調適是應對氣候變化的兩種策略，以應付全球氣候變遷趨勢。

所謂調適，是指由社會或生態系統的努力以預備或調整未來的氣候變遷。這些努力包括調整保護措施，以防範氣候變遷可能帶來負面的影響；以及抓住契機措施，即因氣候變遷可能帶來有益的影響。

所謂減緩，是指人為的努力減少大氣中溫室氣體的排放，以緩解氣候變遷的趨勢。減緩也可視為一種調適，即針對實際發生或預期發生氣候的可能影響，進行調整適應過程，以便減輕損害。自然系統的調適、人為的干預都可能促成因應預期氣候變遷所進行的調整。

調適與減緩兩種策略的運用機制如圖 14.1 所示，目前各國似乎均以減緩策略為因應氣候變遷的主要策略；但即使減少溫室氣體排放的技術研發成功，仍然無法除去溫室氣體對環境影響，因大氣中已累聚相當過量的溫室氣體。從長遠看，單一調適策略或減緩策略都不足以應付氣候變遷所有預期影響，必須調適與減緩策略同時推動，才能減輕傷害到最低。

小博士解說

氣候變遷衝擊的風險評估：

在調適策略中的主要步驟是針對氣候變遷衝擊影響的風險評估，可以了解現況與系統安全性，並根據未來氣候發展的各種可能情境，作系統風險的評估，以便進行各種因應與調適措施。

風險評估包括對現況脆弱度評估與對未來氣候風險評估，脆弱度評估是指區域或部門對氣候變化的預期影響，以及風險和適應能力的分析。脆弱度評估不僅包括簡單測量氣候變化所造成的事件潛在危害，還包括對該地區或部門適應能力的評估。風險評估的主要任務為確認氣候衝擊特性、確認主要風險、評估脆弱度、評估目前與未來風險、風險評估報告等。藉風險分析與調適因應方案的評估，擬訂現行政策與措施，以減低氣候變遷對區域或部門帶來之衝擊。

調適與減緩

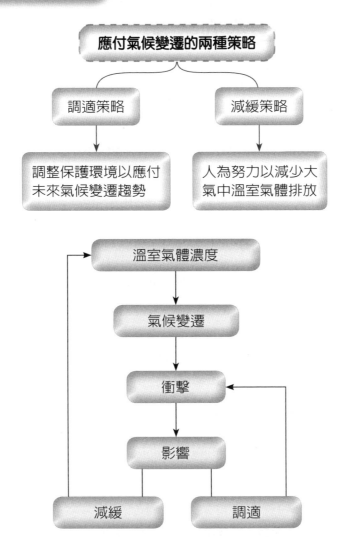

圖 14.1　調適策略與減緩策略的運用機制

知識
補充站

「調適」與「減緩」是現階段世界各國對氣候變遷所採取的對策，但兩者都不易達成且充滿挑戰性。因為大氣中已累積了過去所排放大量的溫室氣體，即便立即停止排放，這些溫室氣體仍將停留在大氣中很長時間，因此全球暖化趨勢短期內很難轉變。在氣候變遷的影響尚未減輕前，我們必須「調適」、「減緩」兩者並用，以降低氣候變遷所帶來傷害。

Unit 14-2
氣候變遷的調適

　　調適氣候變遷並非新的概念，歷史證明人類社會經常為適應不同的氣候和環境，作某種程度的調適，例如種族集體遷移到一個新的棲居地、改變作物的培育方式或建立不同類型的居所等等，這些都是人類為適應生存而作調適的例證。然而這些調適經歷，似乎都不能與人類正面臨的環境調適相比，今天我們正面臨嚴峻的氣候變遷挑戰，極端氣候似乎成了正常氣候。此外在一個日益相互依存的世界，氣候與環境變遷，已不再是對某單一部門或單一經濟個體的負面影響，而是對人類全體的挑戰。

　　氣候變遷不僅對人類社會造成負面影響，也對所有生態系統造成困境，許多物種必須遷移或改變行為，才能適應環境變遷，有些生物甚至面臨絕種危機。生物的生存是彼此息息相關的，因此調適措施中除了考慮人類自身的生存，也需要考慮氣候變遷對生態系統的影響，制定管理計畫，藉由群眾的幫助，使一些生態系統中受氣候變遷衝擊較大者得到調適。

　　在調適策略方面，氣候變遷影響的範圍很廣，因此調適的範圍也是多方面的，惟有些領域特別脆弱，極易受到氣候變遷的衝擊，以下是這些領域調適措施的實例。

一、 海岸地區的調適

　　全球有相當人口居住在海岸地區，從事不同的生產與投資活動，海岸地區是高風險區，特別容易受到各方面衝擊，如颱風暴潮、極端降雨事件、海岸侵蝕、海水入侵地下水等。全球暖化造成海平面上升，使沿海地區產業受損壞，海岸變遷也導致生物失去棲息地，生態平衡遭到破壞。海岸地區之調適措施很多，例如：(1) 促進保護海岸技術，並開放空間，讓海灘和海岸濕地，隨海平面上升逐步向內地轉移。(2) 確定疏散路線和疏散計畫，使低窪地區提高對暴潮和洪水的準備（圖 14.2）。

小博士解說

氣候變遷下海岸防護的工程調適：
一般傳統海岸防護主要是以硬體工程構造物，例如海堤、突堤、離岸堤等，並置放大量消波塊以防潮抗浪，但往往忽略了工程結構物所帶來的負面影響，例如海堤可能加強堤前波浪反射而加速海灘侵蝕消失；突堤引發沿岸流下游側的侵蝕，導致生態及景觀遭到破壞。

軟性工法，例如以較自然和符合生態需求的方式人工養灘、補充沙源、建構沙丘等，可延緩海岸侵蝕及濱線的後退速率，但成本較昂貴。此外若以非工程方式處理，認知海岸濱線後退為不可違逆的事實，透過國土的規劃與管理，設置海岸災害緩衝帶或後退帶，管制其開發與使用，亦是可考慮之調適策略。

氣候變遷的調適

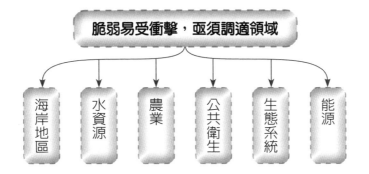

脆弱易受衝擊，亟須調適領域

- 海岸地區
- 水資源
- 農業
- 公共衛生
- 生態系統
- 能源

海岸地區調適

全球近 20% 人口生活在距海岸 30 公里以內，海岸地區是高風險區，極易受到氣候變遷衝擊，如颱風暴潮、極端降雨事件、海岸侵蝕、海水入侵地下水等。海岸地區調適目標，是保護海岸自然環境，降低受災潛勢，減輕海岸災害損失等。

圖 14.2　海岸地區須確定疏散路線和疏散計畫

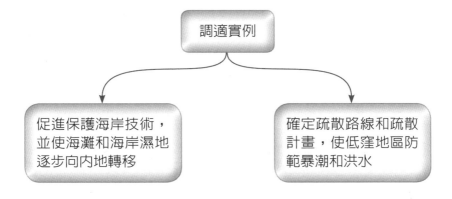

調適實例

- 促進保護海岸技術，並使海灘和海岸濕地逐步向內地轉移
- 確定疏散路線和疏散計畫，使低窪地區防範暴潮和洪水

二、水資源之調適

　　人口增長、農業灌溉及經濟發展在很大程度上取決於水的供給。氣候變遷影響水資源的供給，降水的改變，影響水資源的供應，對生態系統和人類產生深遠影響。台灣近年來冬季常常缺水，原因是台灣地區山坡陡峭、河川短促，大部分的雨水都迅速流入海洋，且雨季短促，因此水資源的調適特別重要。水資源之調適措施很多，例如：

　　1. 提高水的使用效率，水庫清淤並建立額外的蓄水量。

　　2. 保護河流及河岸，建立灌溉水渠，以保證良好的水質和安全防範水量（圖14.3）。

三、農業之調適

　　農作物的生長和氣候有相當密切的關聯，全球暖化及氣候變遷造成溫度升高、降雨量型態改變、極端氣候增加，這些都影響糧食生產。在全球龐大人口的包袱下，農業的調適攸關緊要，農業之調適措施很多，例如：

　　1. 培育農作物品種，使其更能適應高溫、乾旱及由豪雨與洪水帶來的災害。

　　2. 改善家畜環境，使空氣流通並提供更多陰涼處所，以防止夏季高溫。

四、公共衛生之調適

　　全球暖化及氣候變遷對人類健康造成整體衝擊，不同溫度及雨量之變化皆會影響相關疾病的發生，尤其是影響心血管疾病、呼吸道疾病。氣候變遷使新興傳染性疾病發生機率增加，極端氣候如水災、風災等之增多也增加傷亡。公共衛生之調適措施很多，例如：

　　1. 實施早期預警系統及各種應變方案，以應付極端氣候事件的規模及頻率增強趨勢。預警系統的建立，可幫助民眾抓住致命的逃難時間，這在許多實例中都得以證實。

　　2. 加強植樹和擴大城市環境的綠色空間，以調節都市氣溫。

小博士解說

台灣農業調適策略：

因為在氣候變遷下，農業是極其脆弱的部門，行政院環保署將以下調適策略列為農業及食物安全部門的調適主要目標：(1) 發展對於乾旱、蟲害等具忍受度／抵抗力的作物、(2) 研究與發展、(3) 土壤——水管理、(4) 食物與農場作物的多樣性與強化、(5) 政策措施、稅、誘因與補助及自由市場、(6) 發展早期預警系統。

水資源之調適

◀圖 14.3　西奈半島（Sinai）的灌溉水渠

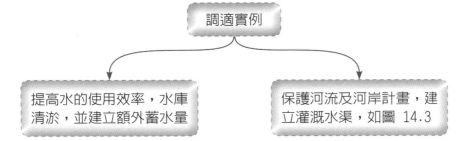

調適實例

提高水的使用效率，水庫清淤，並建立額外蓄水量

保護河流及河岸計畫，建立灌溉水渠，如圖 14.3

277

農業之調適

氣溫、降雨量改變及極端氣候增加影響糧食生產，亟須調適措施

調適實例

培育農作物品種

改善家畜環境

公共衛生之調適

調適實例

實施早期預警系統及各種應變方案

加強植樹和擴大城市環境的綠色空間

五、生態系統之調適

氣候變遷造成生態系統改變，植物與動物的生態系統，對氣候的變化是非常敏感的，生態系統正面臨著適應的挑戰。一些物種將能夠遷移或改變它們的行為，以適應變遷的環境，一些物種可能絕種。認識氣候變遷對生態系統的影響，可以幫助制定一些管理計畫，協助生態系統的調適，關於生態系統之調適措施很多，例如：

1. 保護和增加生物遷移的走廊，使生物能受到庇護，例如濕地的保存（圖 14.4）。
2. 促進土地和野生動物管理辦法，以加強生態系統的恢復。

六、能源使用之調適

隨著非再生能源的產量逐漸衰竭，再生能源的產量不足頂替非再生能源的逐漸衰竭趨勢，未來能源使用會很緊張，有關能源使用之調適措施很多，例如：

1. 提高能源使用的效率，以幫助抵銷能源消耗需求。
2. 強化能源生產設施，以應付日益增加的熱浪、洪水、強風、暴雨、雷擊等各種災害。

圖解氣候與環境變遷

278

小博士解說

台灣能源使用調適策略：

隨著氣候變遷，未來熱浪出現的機率更為頻繁，台灣面臨因氣候變遷造成的供電危機。能源的供給，可能無法滿足市場尖峰負載時的需求。

臺灣的發電能源，目前以火力和核能為主，燃煤、天然氣、核能約占台電發電的 90%，核能發電約占其 20%；但隨著核一、二廠逐漸屆齡除役，核四廠封存，火力發電廠供電不足，綠色能源的開發，尤其太陽能、風力、地熱等是現階段最優選擇，可望成為臺灣未來綠色電力中的主力。太陽光電是節能減碳的重要解決方案之一，政府啟動了「陽光屋頂百萬座、千架海陸風力機」計畫，但有其發展的難度。台灣位在地震帶上，又是颱風常經途徑，每到颱風季節，風力發電機就面臨高度風險，例如 104 年的蘇迪樂颱風，吹垮了六座風力發電機組。太陽能同樣有可能被地震與颱風破壞的高風險，因此地震與颱風是台灣綠色能源開發的極大考驗。

總括來說，台灣能源使用目前仍須維持火力和核能的高占有率，但隨著它們占有比例的逐年降低，綠色能源的發展必須替代其缺口，這是台灣能源發展的展望。

生態系統之調適

圖 14.4　濕地須特別保護

調適實例

保護和增加生物遷移走廊，使生物受到庇護，如圖 14.4

促進土地和野生動物管理辦法，加強恢復生態系統

能源使用之調適

調適實例

提高能源使用效率，以應付能源使用需求

強化能源生產設施，以應付日益增加天然災害

Unit **14-3**
氣候變遷的減緩

　　目前各國似乎均以減緩策略爲因應氣候變遷的主要策略，由於氣候變遷的緊迫性與嚴重性，全球均以控制平均氣溫上升幅度在 2℃，以及大氣中二氧化碳濃度維持在 450 ppm 以下爲主要目標，從政治層面與技術層面兩個層次著手減緩策略，但實施上有諸多困難。1997 年 84 國在日本京都簽署聯合國氣候變化綱要公約的《京都議定書》，2012 年到期後又被同意延長至 2020 年。此外 2009 年爲接替即將過期的《京都議定書》，全球有 138 國代表聚集丹麥的哥本哈根，簽署《哥本哈根協定》，繼續執行減緩溫室氣體的策略。2015 年由 196 國代表在巴黎簽署氣候協議，取代《京都議定書》，共同遏阻全球暖化趨勢。以下檢討氣候變遷減緩策略的實施成效：

一、 從政治層面考量

　　從政治層面考量，各國必須同時制約減少排碳量，才能達到減碳目標，但這有很多困難，由於各國環境及經濟條件與現況差異很大，因此在對未來溫室氣體減量規範及調適對策，很難達到共識，以下是幾點考量：

　　1. 首先，大氣中已有相當過量的二氧化碳及其他溫室氣體，由於大氣溫室氣體濃度的增高，是長期排放所累積的結果，即令現今停止排放，那些已經排放到大氣中的溫室氣體仍將停留於大氣中百年以上。Henson（2011）計算，即使大氣中排碳量不再增加，氣象學家預期到本世紀末大氣至少仍將增加 0.5℃。

　　2. 其次，《京都議定書》並不具有法律約束力，所以很難產生制裁效果；例如加拿大爲了躲避 136 億美元罰款，於 2011 年 12 月宣布正式退出《京都議定書》，成爲第一個正式退出《京都議定書》的國家。

　　3. 再者，雖有 84 國簽署《京都議定書》，但美國和中國大陸這兩個排碳大國都未受到管制，等於抵銷了其他國家的努力。美國並未簽署協議，但其現今每年排碳量卻占全球的 20%（Henson, 2011）。中國雖曾簽署協議，卻不屬於受條約管制國家，因中國大陸正在努力發展經濟，所以短期內也不可能減少它的排碳量，故整體而言全球減碳努力並不理想。

　　4. 2009《哥本哈根協定》雖然以控制「地球增溫上限2℃」爲目標，會前全球抱以熱切期望，但協定未提及各國具體的減排目標，而且協定不具法律約束力，故此協定文字形同虛文。IPCC 估計在 SERS 與 RCP 各種溫室氣體排放情境下，至本世紀末，地表平均溫度可能變化。若能控制在 RCP 2.5～6.0 情境下，平均增溫可控制於 2℃ 內（圖 14.5）。

　　5. 2015 年 11 月 30 日，聯合國第 21 屆全球氣候變遷年會在巴黎舉行，196 個成員國派員參加並簽署《巴黎協定》，期望全球平均氣溫至本世紀末升幅控制在工業化前 2℃ 以內。雖然全球有志一同地朝節能減碳方向努力，但困擾也很多，因此該協定所能達到的成效很難評估。

氣候變遷的減緩

目標 ➡ 至本世紀末控制大氣平均溫度增加 2℃

從政治層面考量

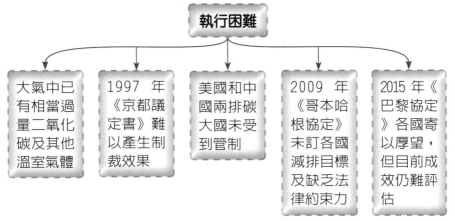

執行困難

| 大氣中已有相當過量二氧化碳及其他溫室氣體 | 1997 年《京都議定書》難以產生制裁效果 | 美國和中國兩排碳大國未受到管制 | 2009 年《哥本哈根協定》未訂各國減排目標及缺乏法律約束力 | 2015 年《巴黎協定》各國寄以厚望，但目前成效仍難評估 |

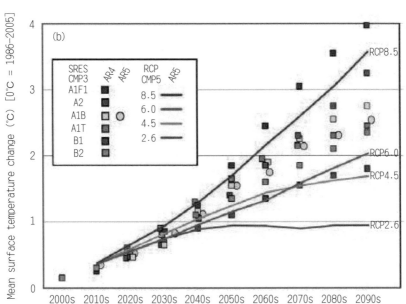

圖 14.5　IPCC 估計在各種溫室氣體排放情境下，至本世紀末，地表平均溫度變化，其中在 RCP 在 2.5～6.0 情境下，平均增溫可控制於 2℃ 內

二、從技術層面考量

　　從技術層面考量，應該是停止使用非再生能源，而改用再生能源，但這也是極其困難的。雖然現今各國都積極的尋求替代能源，但因幾個世紀來倚賴非再生能源已成習慣，當此非再生能源都漸接近衰竭之際，突然要改變此種倚賴實在非常困難。比較 2011～2013 各年全球能源消耗，我們可以得到一個能源發展趨勢。圖 14.6(a) 為 2011 年全球能源消耗，包括石油 33.1%、天然氣 23.7%、煤 30.3%、核能 4.9%、水力 6.4%、其他再生能源 1.6% 等。圖 14.6(b) 為 2012 年全球能源消耗，包括石油 33.2%、天然氣 23.9%、煤 29.8%、核能 4.5%、水力 6.7%、其他再生能源 1.9%。從各年趨勢可見石油逐年略減，天然氣、煤、水力略同，核能倚賴減少，再生能源產量雖有成長，但增長有限。

　　以英國石油公司公布 2013 年全球能源消耗資料為例，如圖 14.6(c)，其中煤占 30.1%、天然氣 23.7%、石油 32.9%、核能 4.4%、水力 6.7%，其他再生能源 2.2%。煤、天然氣與石油總計占全部能源之 86.7%，再生能源總計卻只占全部能源之 8.9%，這個數字的代表意義是，我們仍非常倚賴產生溫室氣體的煤、天然氣與石油。核能源曾是全球希望，因為它不會產生溫室氣體，但受到 2011 年日本福島核電廠輻射外洩之驚嚇，許多國家都紛紛採取廢核或停核政策。

圖解氣候與環境變遷

小博士解說

減緩策略：

減緩策略是指減少溫室氣體排放的政策和措施，包括減少對排放密集型產品和服務的需求、提高效率增益和增加低碳技術的使用。減輕氣候變化影響的另一種方法是透過增強「吸收」二氧化碳的儲層，如森林或泥炭沼澤（濕地的一種）。為了設計有效的減緩策略，我們需要知道溫室氣體排放模式、可用的減緩選擇、技術的作用和基於市場的機制，且設計減緩策略，以幫助確保永續發展。在 IPCC 的第五次評估報告（AR5）中，引入四種未來溫室氣體排放情境，分別是 RCP2.6、RCP4.5、RCP6.0 與 RCP8.5。RCP2.6 是溫室氣體增加相對較低的情境，RCP4.5 和 6.0 屬穩定情境，RCP8.5 則為高排放情境。IPCC 評估排放情境旨在探索未來可能的排放路徑、它們的主要根本驅動力，以及這些途徑如何可能受到各區域政策干預的影響。化石燃料的需求，是溫室氣體不斷增加的主因。雖然各國都企圖制約溫室氣體的排放，但因經濟發展需求且能源消耗仍主要依賴化石燃料，溫室氣體很難達到低排放情境。例如 2011 年的碳排量高達 94.5 億噸，比 1990 年的 61.2 億噸排放水準多出 54.4%。在各國的碳排量中，以 2011 年為例，前三名是中國、美國與歐盟，分別占總碳排量的 28%、16% 與 10%，這些都是經濟開發國家。可見未來溫室氣體排放和影響它們的主要因素或驅動力，因為經濟開發的需要，是很難制約的。

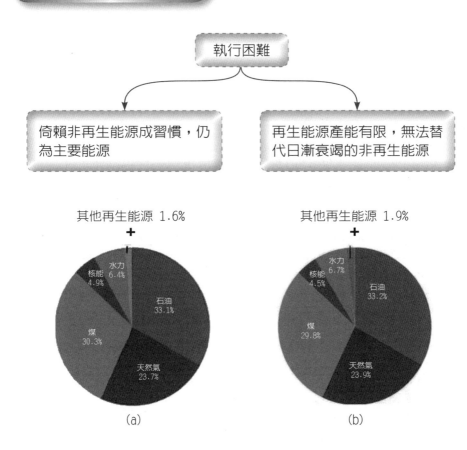

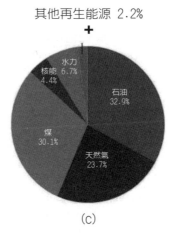

圖 14.6　全球能源消耗歷年比較：(a) 2011 年，(b) 2012 年，(c) 2013 年

參考書目

Bates, B.C., Z.W. Kundzewicz, S. Wu and J.P. Palutikof, Eds.,2008: Climate Change and Water. Technical Paper of the Intergovernmental Panel on Climate Change, IPCC Secretariat, Geneva, 210 pp?.

Christensen, J.H., B. Hewitson, A. Busuioc, A. Chen, X. Gao, Held, Held, R. Jones, R.K. Kolli, W.-T. Kwon, R. Laprise, V. Magaa Rueda, L. Mearns, C.G. Menndez, J. Risnen, A. Rinke, A. Sarr and P. Whetton 2007, Regional Climate Projections. In: IPCC Fourth Assessment Report.

Cogley JG 2009, Geodetic and direct mass-balance measurements: comparison and joint analysis, Annals of Glacioloy, Volume 50, Number 50, pp. 96.

Donald C. Ahrens 2004, *Meteorology Today*, Brooks/Cole Thomson Learning; 7th Ed.

Emanuel K. 2005 Increasing destructiveness of tropical cyclones over the past 30 years, Nature 436, 686-688.

Fröhlich C. and J. Lean, Solar Radiative Output and its Variability: Evidence and Mechanisms, Astronomy and Astrophysical Reviews 12, 2004.

Gommes, R., du Guerny, J., Nachtergaele, F., Brinkman, R. 1998, Potential impacts of sea-level rise on populations and agriculture, Food and Agriculture Organization of the United Nations.

Grewe, V., Dameris, M., Hein R., Sausen, R. and Steil, B. 2001, Future changes of the atmospheric composition and the impact of climate change, Tellus 53B, 103-121.

Hanna E., F. J. Navarro, F. Pattyn, C. M. Domingues, X. Fettweis, E.R. Ivins,R. J. Nicholls, C. Ritz, B. Smith, S. Tulaczyk, P. L. Whitehouse & H. J. 2013, Affiliations Contributions Corresponding authorIce-sheet mass balance and climate change, Nature 498, 51-59.

Hanna E. 2012, Atmospheric and oceanic climate forcing of the exceptional Greenland ice sheet surface melt in summer 2014, International Journal of Climatology, Vol 34, Issue 4, 1022-1037.

Hansen, J., Mki. Sato, R. Ruedy, K. Lo, D.W. Lea, and M. Medina-Elizade 2006, Global temperature change, Proc. Natl. Acad. Sci., *103, 14288-14293.*

Ian Joughin, Waleed Abdalati & Mark Fahnestock 2004, Large fluctuations in speed on Greenland's Jakobshavn Isbra glacier, Nature 432, 608-610.

John Houghton, *Global warming, the Complete Briefing*, Cambridge University Press, 1997.

Kevin A. Borden; Susan L. Cutter 2015, Spatial Patterns of Natural Hazards Mortality in the United States, International Journal of Health Geographics

Mileti, D. S. 1999, *Disasters by Design: A Reassessment of Natural Hazards in the United States*, Washington, DC: Joseph Henry Press.

Montgomery, C.W. and Spencer, E. W. 2003, *Natural Environment*, McGraw- Hill Custom Publishing；7th ed.

圖解氣候與環境變遷

Myers, N. 1997, Environmental Refugees, Popul. Environ. 19, 167-182.

NRC 2010, Advancing the Science of Climate Change. National Research Council. The National Academies Press, Washington, DC, USA.

NRC 2011, Climate Stabilization Targets: Emissions, Concentrations, and Impacts over Decades to Millennia., National Research Council. The National Academies Press, Washington, DC, USA.

Oliver-Smith, A. 2006, Disasters and Forced Migration in the 21st Century, Social Science Resource Council: Understanding Katrina. 12 September.

Rasmussen, T. N. 2004, Macroeconomic Implications of Natural Disasters in the Caribbean, International Monetary Fund Working Paper.

Revelle, R. & Suess, H. 1957, Carbon dioxide exchange between atmosphere and ocean and the question of an increase of atmospheric CO2 during the past decades, Tellus 9, 18-27.

Singh, I.B., Chaturvedi, K., Morchhale, R.K., Yegneswaran, A.H. 2007, Thermal treatment of toxic metals of industrial hazardous wastes with fly ash and clay, Journal of Hazardous Materials 141, 215-222.

Steven A. Ackerman and John A. Knox 2003, Meteorology, Brooks/Cole Thomson Learning.

Stromberg, D. (2007), Natural Disasters, Economic Development, and Humanitarian Aid, Journal of Economic Perspectives, V. 21, N. 3, 199-222.

Thoning, K.W., Tans, P.P., and Komhyr, W.D. (1989), Atmospheric carbon dioxide at Mauna Loa Observatory 2. Analysis of the NOAA GMCC data, 1974-1985, J. Geophys. Research, vol. 94, 8549-8565.

Tierney J. E., J. E. Smerdon, K. J. Anchukaitis & R. Seager 2013, Multidecadal variability in East African hydroclimate controlled by the Indian Ocean, Nature 493, 389-392.

Tom Garrison, Oceanography 2002, Brooks/Cole Thomson Learning; 4th Ed

USGCRP 2009, Global Climate Change Impacts in the United States. Thomas R. Karl, Jerry M. Melillo, and Thomas C. Peterson (eds.). United States Global Change Research Program. Cambridge University Press, New York, NY, USA.

Velicogna I. 2009, Increasing rates of ice mass loss from the Greenland and Antarctic ice sheets revealed by GRACE, Geophysical Research Letters, V. 36.

Walter K. M., S. A. Zimov, J. P. Chanton, D. Verbylaand F. S. Chapin 2006, Methane bubbling from Siberian thaw lakes as a positive feedback to climate warming, Nature 443, 71-75.

Webster P. J., G. J. Holland, J. A. Curry,H.-R. Chang 2005, Changes in Tropical Cyclone Number, Duration, and Intensity in a Warming Environment, Science Vol. 309 no. 5742, pp. 1844-1846.

WGMS 2011, GLACIER MASS BALANCE BULLETIN Bulletin No. 11 (2008-2009), Compiled by the World Glacier Monitoring Service (WGMS).

網站

Centre for Research on the Epidemiology of Disasters (CRED)
 http://www.emdat.be/database
http://zh.wikipedia.org/wiki/氣候變遷
US Environmental Protection Agency (EPA)
http://www.epa.gov/climatechange/impacts-adaptation/ecosystems.html www.
    geocraft.com
http://en.wikipedia.org/wiki/Paleoclimatology
IPCC http://www.ipcc.ch/ipccreports/assessments-reports.htm
Food and Agriculture Organization of the United Nations (FAO)
http://www.fao.org/fishery/species/3393/en
US Environmental Protection Agency
http://www.epa.gov/climatechange/science/future.html
US Environmental Protection Agency (EPA)
http://www.epa.gov/climatechange/impacts-adaptation

圖解氣候與環境變遷

國家圖書館出版品預行編目資料

圖解氣候與環境變遷／丁仁東著. －－初
　版.－－臺北市：五南圖書出版股份有限公
　司，2017.09
　　面；　公分
　ISBN 978-957-11-9254-3（平裝）

1.地球暖化　2.全球氣候變遷

328.8018　　　　　　　　106010705

5I36

圖解氣候與環境變遷

作　　　者－ 丁仁東

發 行 人－ 楊榮川

總 經 理－ 楊士清

總 編 輯－ 楊秀麗

主　　　編－ 高至廷

責任編輯－ 許子萱

封面設計－ 王正洪

出 版 者－ 五南圖書出版股份有限公司

地　　　址：106台北市大安區和平東路二段339號4樓

電　　　話：(02)2705-5066　　傳　　　真：(02)2706-6100

網　　　址：https://www.wunan.com.tw

電子郵件：wunan@wunan.com.tw

劃撥帳號：01068953

戶　　　名：五南圖書出版股份有限公司

法律顧問　林勝安律師事務所　林勝安律師

出版日期　2017年9月初版一刷
　　　　　2021年8月初版二刷

定　　　價　新臺幣380元

經典永恆・名著常在

五十週年的獻禮——經典名著文庫

五南，五十年了，半個世紀，人生旅程的一大半，走過來了。

思索著，邁向百年的未來歷程，能為知識界、文化學術界作些什麼？

在速食文化的生態下，有什麼值得讓人雋永品味的？

歷代經典・當今名著，經過時間的洗禮，千錘百鍊，流傳至今，光芒耀人；

不僅使我們能領悟前人的智慧，同時也增深加廣我們思考的深度與視野。

我們決心投入巨資，有計畫的系統梳選，成立「經典名著文庫」，

希望收入古今中外思想性的、充滿睿智與獨見的經典、名著。

這是一項理想性的、永續性的巨大出版工程。

不在意讀者的眾寡，只考慮它的學術價值，力求完整展現先哲思想的軌跡；

為知識界開啟一片智慧之窗，營造一座百花綻放的世界文明公園，

任君遨遊、取菁吸蜜、嘉惠學子！